Introduction to
Zero Trust Architecture

ゼロトラスト アーキテクチャ 入門

澤橋松王 監修
東根作成英、増田博史、小林勝、
齊藤紫野、吉田未樹 著

C&R研究所

■権利について

- 本書に記述されている社名・製品名などは、一般に各社の商標または登録商標です。
- 本書では™、©、®は割愛しています。

■本書の内容について

- 本書は著者·編集者が実際に操作した結果を慎重に検討し、著述·編集しています。ただし、本書の記述内容に関わる運用結果にまつわるあらゆる損害・障害につきましては、責任を負いませんのであらかじめご了承ください。
- 本書は2023年2月現在の情報で記述しています。

●本書の内容についてのお問い合わせについて

この度はC&R研究所の書籍をお買いあげいただきましてありがとうございます。本書の内容に関するお問い合わせは、「書名」「該当するページ番号」「返信先」を必ず明記の上、C&R研究所のホームページ(https://www.c-r.com/)の右上の「お問い合わせ」をクリックし、専用フォームからお送りいただくか、FAXまたは郵送で次の宛先までお送りください。お電話でのお問い合わせや本書の内容とは直接的に関係のない事柄に関するご質問にはお答えできませんので、あらかじめご了承ください。

〒950-3122 新潟県新潟市北区西名目所4083-6　株式会社 C&R研究所　編集部
FAX 025-258-2801
『ゼロトラストアーキテクチャ入門』サポート係

はじめに

企業で情報システムに関する業務を行っている人にとって、サイバーセキュリティに対する取り組みはゴールのないマラソンのようなものではないかと考えます。

ここまでやったから安心、これだけできていれば自社は安全、と心から信じられる状況は、どれだけ自身の力を尽くしても、どれだけ投資額を呼び込めたとしても、なかなか作れるものではなく、それでも日々、より安全にするための取り組みを続けつつ、現実に発生するインシデントへの対応に尽力する必要があるのです。

まして本書の中でも語られる通り、世界におけるデジタル化の波は、そういった現場の悩みとは無関係に攻撃者側にもイノベーションとビジネス化をもたらし、守勢に回らざるを得ない企業にとっては、これまでとは異なる次元で絶え間ない投資と努力を要求するのです。

そのような中で、おそらく本書の読者の皆様は、これまでのサイバーセキュリティの常識が通用しない攻撃の激化に対し、「ゼロトラスト」という言葉が何かを変えられるのではないか、と期待されている、ないしは自社での実装にすでに取り組まれている方なのではないかと推察します。

筆者陣は数多くの企業で、そういった取り組みをこれから行おうとする方々、そして今まさに取り組んでいる方々を、ビジネスの現場でご支援しています。

現実にゼロトラストというものに取り組もうとする方々の悩みに触れ、ソリューションを提供する立場から、企業の情報システム部門の方々が、ゼロトラストについて今何を知っておくべきか、そしてどのように、何から取り組んでいくべきかについて、ヒントになることを願い、本書を執筆いたしました。

　少しでも皆様のお力になれること、なにか新しい発見につなげていただけることを願い、本書をお届けします。

　本書がゼロトラストの導入を検討している情報システム部門の皆様の企画・開発・実装・運用に向けた一助となることを願っています。

2023年2月

著者一同

本書について

本書の構成

本書は、次の章から構成されています。

- CHAPTER 01:ゼロトラストの概要
- CHAPTER 02:企業がゼロトラストに取り組む価値とは
- CHAPTER 03:ゼロトラストアーキテクチャとは
- CHAPTER 04:ゼロトラストアーキテクチャの構成要素
- CHAPTER 05:ゼロトラストアーキテクチャの運用
- CHAPTER 06: ゼロトラストアーキテクチャの理想と現実

CHAPTER 01「ゼロトラストの概要」では、ゼロトラストの概念について、これまで当然と考えられてきたセキュリティの考え方との違いや、なぜ新しいアプローチが必要になったのか、について解説し、これからのセキュリティの本質的なポイントを説明します。

CHAPTER 02「企業がゼロトラストに取り組む価値とは」では、デジタル変革の基盤となるクラウドコンピューティングの活用が広まる中、従来のセキュリティモデルでは十分に対応できなくなっています。本章では新しいセキュリティモデルとしてのゼロトラストに企業が取り組むべき理由や価値について解説します。

CHAPTER 03「ゼロトラストアーキテクチャとは」では、ゼロトラストを実現するためのゼロトラストアーキテクチャの歴史から、アーキテクチャの概要、その実装へのアプローチを解説します。

CHAPTER 04「ゼロトラストアーキテクチャの構成要素」では、ゼロトラストアーキテクチャを構成する技術要素やソリューションを「認証・認可」「デバイス」「ネットワーク」「クラウド」「検知・運用・自動化」の5つのカテゴリーに分類し、それぞれ解説します。

CHAPTER 05「ゼロトラストアーキテクチャの運用」では、ゼロトラストアーキテクチャを実際に運用するために必要な、組織、体系、運用管理の在り方や考え方を解説します。

CHAPTER 06「ゼロトラストアーキテクチャの理想と現実」では、 ゼロトラストアーキテクチャを現行のインフラストラクチャにどうやって適用すべきか、そのための取り組みや推進のポイント、導入の障壁について事例を交えて解説します。

対象読者について

本書は、次のような読者に向けて構成されています。

- 情報セキュリティ責任者、担当者
- 情報システム企画責任者、担当者
- 情報システム運用責任者、担当者
- セキュリティエンジニア
- ネットワークエンジニア

目次 contents

CHAPTER-03

ゼロトラストアーキテクチャとは

CHAPTER-04
ゼロトラストアーキテクチャの構成要素

CHAPTER-05

ゼロトラストアーキテクチャの運用

CHAPTER-06

ゼロトラストアーキテクチャの理想と現実

CHAPTER 01 ゼロトラストの概要

本章の概要

ゼロトラストの概念について、当然と思われていた従来のセキュリティの考えとの違いや、なぜ新しいアプローチが必要になったのかについて解説し、これからのセキュリティの本質的なポイントをお伝えいたします。

なお、本章では、「ゼロトラスト」という表記により、「信頼しない」概念を広義の意味で表現しています

SECTION-01

ゼロトラストとは

本節では、ゼロトラストの定義や必要となった背景などについて説明します。

ゼロトラストとは

ゼロトラストとは、「信頼しない」前提で考え、その都度、確認をするという新たなセキュリティのアプローチです。クラウドやインターネットなどを含めた多種多様なつながりがある状況でも、安心安全を実現するために注目されています。ただし、従来のセキュリティの定説が大きく変わる側面もあり、混迷している人も多くいます。

ゼロトラストが必要になった背景

デジタルや働き方の変革が進むにつれ、多くのものがデジタル化され、インターネットを通じて複雑につながるようになります。そして、その隙を突くサイバーの脅威も増加しています。セキュリティは、変革を進める上で、必須課題の1つです。しかし、多種多様なつながりを社外とも発展させるがゆえに、鎖国のような、境界防御で守られた社内ネットワークが安全だと考える従来の発想は根底から崩れています。

不特定多数とのつながりが増加し、その中で不正も増加しているため、接続元から接続先にいたるまで、本当に信頼できるものであるかという不安がつのります。広く社外とのつながりが起きても、安心安全を実現する仕組みが必要になりました。そこで、登場した新たなセキュリティアプローチがゼロトラストになります。

ゼロトラストは何をしようとしているのか

企業が、社内ネットワーク全体をすべて安全に管理しようとすると、あまりに対象範囲が大きすぎて困難になります。さらに、社外の企業とのやり取りも増加しているため、社外にわたってすべてを管理するのは非現実的です。また、サプライチェーンの中の小さな企業が、自力だけで社内ネットワーク全体のすべてに重厚なセキュリティ対策や管理を行うのも、より困難です。

これを踏まえて、ゼロトラストが目指していることを筆者の理解をもとに端的に説明すると、管理負荷を減らすために、管理対象を社内ネットワーク全体ではなく、小さいリソース単位にして、デバイスやアプリケーションやデータなどのリソースに着眼し、そのリソースが正しいものであることを都度、確認して、信頼するという発想になります。

それであれば、社内ネットワーク全体を管理する必要性は薄まり、また社外のサプライチェーン内のパソコン1台だけの小さな企業などにも適用できるアプローチになります。

なぜゼロトラストが人々を混迷させるのか

ゼロトラストは、「信頼しない」前提で考えるべきという、反意から発生した抽象概念であり、目指すべき形を具体的に表現したものではないため、しっかりと理解をしている人は限られており、組織内での方向性をまとめる際に議論がかみ合わない場合も多くあります。

また、ゼロトラストには多くの要素が必要とされるため、関連するベンダーは声高にそれぞれ別の論点を主張し、それを聞いた人達が困惑することもしばしばあります。例として、ゼロトラストの目的がリモートワークをするためだけのように説明されることがあったり、VPN（Virtual Private Network = 仮想プライベートネットワーク）などの従来の手法をゼロトラストのように言っているケースも見受けられます。

このような状況から、実際に計画や導入を進める際に、自社の環境へゼロトラストを取り入れるために直面する課題や懸念が多く発生します。

SECTION-02

従来のセキュリティとゼロトラストの違い

システムやネットワークの仕組みは、その時代の背景に合わせて変遷する歴史をたどっています。あらためて振り返ると、今まで当然と思われていた従来型のセキュリティの考え方が、今の時代には合わなくなり、新しいゼロトラスト型が求められています。いくつかの例を説明します。

パスワードは誰のためのもの?

パスワードは、個人を認証するための当然の手段として、長きに渡り使用されてきました。しかし、パスワードさえ合っていれば、本人に「なりすます」ことができるため、現在は、サイバー攻撃者にとっては、大変便利なものになっています。たとえば、パスワードがなくなり、他の多要素の認証手段におき変わると、実ユーザーよりも、攻撃者が大変困ります。本人に「なりすます」ために、多くの要素の情報が必要となり、大変になるからです。パスワードへの依存度を減らし、他の要素を組み合わせた強固な認証を行うことがゼロトラストの時代には必要です。

社内ネットワークは誰のためのもの?

PCとPCを通信でつなぐために、社内ネットワークが構築され、それをインターネットにつなげるという歴史を今まで歩んできました。社内ネットワークの必要性を疑うことなく当然と考えてきましたが、今の時代では自身のPCから他の従業員のPCへ社内ネットワークを通じて直接アクセスすることはあるでしょうか。

業務に必要な、Web、メール、ビデオ会議、ファイル共有などのほとんどのアプリケーションや機能が、クラウドなどのサーバーを経由してのやり取りとなっていて、PC同士が直接アクセスすることはほとんどなくなっています。つまり、社内ネットワークは、正規の従業員の業務においては、それほど必要ではなくなってきています。

しかし、この社内ネットワークもサイバー攻撃者にとっては非常に好都合で、Lateral movement(横歩き)という、社内ネットワークを巡回して、他の端末や接続機器を探索し、不正を働くことが可能になります。

暗号化は誰のためのもの?

本来、暗号化は正規のユーザーが、他の不正や不要なユーザーから内容を確認できないようにするものでしたが、サイバー攻撃者たちはこれを逆手に取って活用しています。

たとえば、通信が暗号化されると、社内のITやセキュリティ部門なども通信の内容を確認することができず、監視や管理ができなくなります。そのため、サイバー攻撃者たちは、暗号化を自分たちの隠れミノとして多用します。内部に侵入した攻撃者が、外部とやり取りしたり、情報を持ち出したりする際に、特定のサイトへの暗号化通信を使うことも多くあります。

最たる例として上がるのは、悪名高いランサムウェアです。ランサムウェアにより暗号化されたファイルやシステムは、正規のユーザーが使用できなくなる事態を招いています。

むやみに暗号化を行い、管理しにくい環境を生み出すよりは、適切かつ最低限のリソースに絞った暗号化にして、そのリソースへの認証やアクセス権を適切に管理することの方が重要になってきています。

攻撃ライフサイクルによるサイバー攻撃の高度化

前述のいくつかの例のように、パスワード、社内ネットワーク、外部との暗号化通信など、従来は当然と思われてきたセキュリティの仕組みは、逆に攻撃者側にとって有利なものとなっています。

さらに、次ページの部のような攻撃者側が対象のシステムへ攻撃を行うステップ(準備→侵入→探索→実行)全般にわたって、関連する情報やサービスがブラックマーケットで売買され、複合的に組み合わされて、活用されます。具体的な例として、メールアドレスやパスワードの情報や、侵入代行のサービス(Cybercrime as a Serviceなど)があります。

● 攻撃ライフサイクルとブラックマーケット

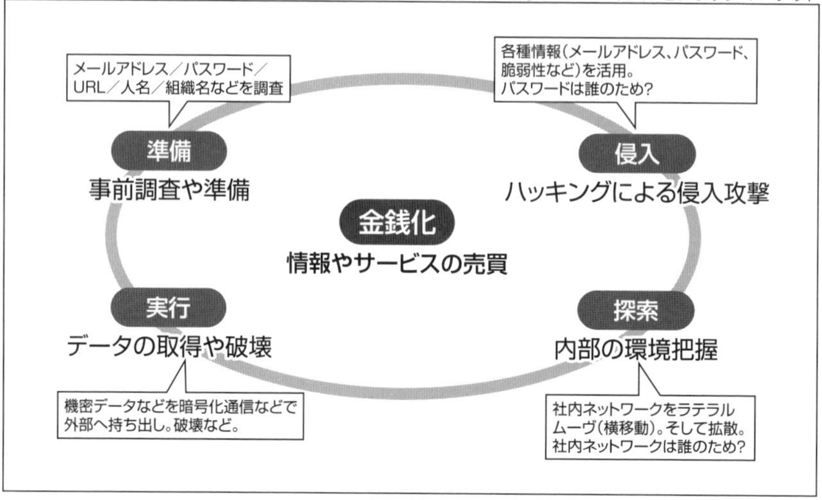

メールアドレス／パスワード／URL／人名／組織名などを調査
準備
事前調査や準備
各種情報（メールアドレス、パスワード、脆弱性など）を活用。パスワードは誰のため？
侵入
ハッキングによる侵入攻撃
金銭化
情報やサービスの売買
実行
データの取得や破壊
機密データなどを暗号化通信などで外部へ持ち出し。破壊など。
探索
内部の環境把握
社内ネットワークをラテラルムーヴ（横移動）。そして拡散。社内ネットワークは誰のため？

そのため、社内ネットワーク内に多くのセキュリティ対策を施していたにもかかわらず、外部に広く公開はしていない従業員のメールアドレスに、何のエラーや不具合も出ずに、突然、不正なメールが届いたり、従業員本人にとって覚えのない、不正なアクセスが行われたりすることになるのです。

不正を排除するブラックリスト型アプローチの限界

従来のセキュリティは、正規ユーザーか、不正ユーザーかを見分けるアクセスコントロールやパスワードによる認証といったシンプルなアプローチでした。2010年ごろから、高度なサイバー攻撃が増えるとともに、「なりすまし」が増え、従来型の認証では正規ユーザーであると断定が難しくなったため、正規ユーザーの不正なふるまいを検知する必要性が出てきました。俗にいう、「ふるまい検知」です。

従来は、不正のパターンが少なかったため、アンチウイルスソフトのようなブラックリスト型で通用していましたが、デジタル化とサイバー脅威がともに進化するに従って、不正のパターンが膨大な数になり、不正なリストの作成とリアルタイムな検証が追い付かなくなっています。たとえば、正しいユーザー自身は世界に1人ですが、不正なユーザーのパターンは、世界の人口の本人以外の70億人以上のパターンがあるわけなので、そのすべての不正のパターンを検証して排除するアプローチを行おうとするのは非現実的です。

膨大な不正を排除するアプローチではなく、正しいユーザーと正しいアクションを見極めるために、必要なリソースとなるID、デバイス、データなどに対して、1つひとつの信頼を高め、都度、組み合わせて確認を行う、ガバナンス的アプローチがゼロトラストにおいては重要になります。

◉多種多様となる不正対策

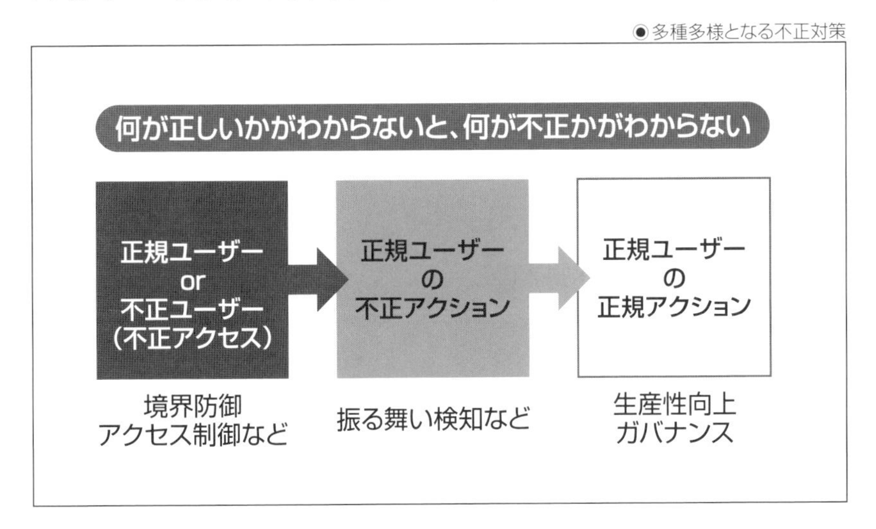

SECTION-03

ゼロトラストにおける運用の変化

セキュリティのライフサイクルとして著名なものに、米国国立標準技術研究所(National Institute of Standards and Technology = NIST)のサイバーセキュリティフレームワークがあります。識別、防御、検知、対応、復旧といった5つの機能が唱えられています。

従来は、境界をネットワークセキュリティで「防御」し、それでも社内ネットワーク内部に侵入してきた脅威は、ユーザーのふるまいに関する相関的なルールで「検知」し、「対応」するという運用監視で対処する考え方でした。このように、「防御」に対してはインフラのセキュリティ対策、「検知」や「対応」に対しては運用監視、というように分けて考えられていました。

しかし、2016年ごろから、1時間以内で一気に社内ネットワーク全域へ拡散するワーム型のランサムウェアが世界を席巻し、状況は一変します。今まで以上に、より迅速で、短時間での対応を求められるようになったためです。

そのため、侵入後に検知をするという時間のかかる事後的な手法ではなく、検知や対応のための複雑な相関分析ルールを認証や防御に活用して、未然に防ぐような、防御と検知・対応がより緊密化・迅速化された運用が必要になってきています。そういったセキュリティライフサイクル全体のスピードアップを実現するセキュリティソリューションも徐々に現れてきています。

ハイブリッドクラウドのインフラを見据えたセキュリティ運用となるModern SOC(Security Operation Center)などの概念も登場し、一方で、内部犯行を勘案したSOCの内製化などのニーズも増加し、それらの運用を担うセキュリティ統合管理のインフラは、オンプレベースからクラウド集約型へ変化してきています。それに合わせて、人的体制やプロセスも効率化が求められています。

SECTION-04

本章のまとめ

本章では、従来、当然と思われていたセキュリティの仕組みや考え方が大きく変わり、むしろリスクになっている例などを紹介しながら、混迷しやすいゼロトラストの重要なポイントを、筆者の解釈を交えて説明しました。後段の章では、より具体的な内容について、解説します。

CHAPTER 02
企業がゼロトラストに取り組む価値とは

本章の概要

デジタル変革(DX)の基盤となるクラウドコンピューティングの活用において、これまでの境界型セキュリティに拘泥するセキュリティモデルは、その解決策として不十分なものとなります。

本章では、新しいセキュリティモデルとしてのゼロトラストに企業が取り組むべき理由や、取り組んだ結果生み出される価値について説明します。

SECTION-05

サイバーセキュリティへの取り組みは保険?

筆者の経験上、日本企業の多くは大変多くのサイバーセキュリティ対策費用を年間の予算に計上しています。そこには一般に、従業員に配布するPCで動作するアンチウイルス製品から始まり、企業のネットワークの境界となるファイアウォール、侵入検知のための装置、社外ネットワークへのアクセスを監視・統制するためのプロキシといったいわゆるセキュリティ製品の導入・保守費用に留まらず、それらのセキュリティ製品を監視・運用するためのアウトソーシング費用、セキュリティインシデント発生時に迅速な対応を行うCSIRTにかかるコスト、さらには従業員に対するセキュリティ教育などが、目に見えるサイバーセキュリティ対策費用といえるでしょう。

反面、多大なるコストを支払うことを受け入れているサイバーセキュリティ対策は、企業にとって利益を生み出す投資といえるかと問われれば、これも多くの場合はそうではないでしょう。もちろん、サイバーセキュリティ対策を自社のビジネスとして展開する企業であれば話は別ですが、金融業、保険業、製造業、建設業、流通業などを本業とする多くの企業では、サイバーセキュリティ対策は「万一のとき、自社の損害を軽減するための保険」としてしか扱われておらず、その費用は常に削減できるものであれば削減したいものとして扱われることになります。

確かにサイバーセキュリティ対策を企業の情報システムを守るための施策として単体で予算計上せざるを得ないもの、と位置付ければ、これは単なる掛け捨ての損害保険のようなものです。いくら予算を注ぎ込んだところで、自社の顧客に新しい体験を提供することもできなければ、新たな顧客を呼び込むこともない、ましてや新たに大きな利益を生み出すようなビジネスを生み出すこともできないという見方を否定することは難しいでしょう。

とはいえ、現状がそのような考え方であったとしても、新たな企業価値と利益を生み出すDXの視点で考えた場合、サイバーセキュリティをDX投資と切り離して考えることに無理があることに企業は注目すべきと考えます。従業員や顧客がデジタルでつながり合う世界で、その結節点となるインターネットを中心とした新たなセキュリティモデルを確立することは、DXによって利益を生み出すために必要な投資ということもできます。そしてセキュリティをそのようなスコープで考え、取り組むことこそが、ゼロトラストを企業が活用するための土台となるのです。

SECTION-06

DXのための新しいデジタル基盤のあり方

DX(Digital Transformation)に取り組むための基盤は、これまでと同じ考え方で設計・構築できるのでしょうか。本節ではDXのためのデジタル基盤になぜゼロトラストが必須といえるのかについて説明します。

DXのためのデジタル基盤と従来のシステム基盤は何が違うのか

DXは単に既存の業務をデジタル化することではなく、デジタルを活用してまったく新しいビジネスを創出したり、既存のビジネスのあり様を変革することです。既存のビジネスやプロセスをデジタル化することを「デジタイゼーション」といい、デジタル活用を前提としたビジネスモデルの変革を目指すことをDXや「デジタライゼーション」といいますが、この両者はその目的も実装の手法もまったく異なるものです。そして、デジタイゼーションにゼロトラストの適用は必須ではありませんが、デジタライゼーションのためのデジタル基盤にゼロトラストは必須といえるでしょう。以下、その理由を説明します。

DXに必要なデジタルの基盤とは、これまでのIT基盤と何が違うのでしょうか。一言でいえば、常に変化することを許容できること、です。

成功が約束された新しいビジネスというものはそうそうあるものではなく、それはデジタライゼーションによるDXの世界でも同様です。DXとはどのような巨大企業でも、ベンチャー企業でも、等しく「成功は保証されないが、取り組むべきと判断される」ことを起点に実行されるものです。

この場合、大きな投資を行い、アセット(資産)を準備し、しっかり作り込んだ上で長期間使い続けることを前提としたオンプレミスのシステム基盤を選択するのは、非現実的です。このようなシステム基盤は投資対効果が明確で、投資回収までの期間がある程度、計算できるシステムに関しては最終的にコストを抑えることができますが、半年後には目指すビジネスの形態が変更されたり、アプリケーションをアジャイルで開発し、DevSecOpsを中心に据えた運用を行うことの多いDXの基盤としては、変更に対する柔軟性に欠けるといえます。

そうなるとDXで必要なデジタル基盤として選択すべきは、クラウドコンピューティングとなることは自明でしょう。所有せず、利用した分だけ課金されるクラウドを活用することにより、DXが成功した場合は必要なだけスケールし、方向修正が必要となった場合は廃棄、再利用が可能な基盤を準備することができます。

なぜデジタル基盤に、境界型セキュリティモデルは不向きといえるか

ではクラウドを活用する場合のセキュリティモデルとして、ゼロトラストが必須である理由とは何でしょう。簡単にいえば、これまでの境界型セキュリティモデルがオンプレミスを中心に考えられてきたものであり、どこからでも接続でき、インターネットから接続されることを前提としたクラウド基盤を守ることには向いていない、ということになります。

具体的な例を挙げながら、掘り下げて説明します。まず、そもそも境界型セキュリティモデルはネットワークを中心としたセキュリティモデルであり、データセンターネットワーク、WAN、キャンパスネットワークなど、企業が直接管理可能なネットワークと、インターネットなどの管理可能でないネットワークの間に境界を設けることを前提としたものであるということです。これまでのオンプレミスに展開されるシステム基盤について、ネットワークと境界型セキュリティモデルがどのように実装されてきたかを模式化した図に示します。

●境界型セキュリティモデル

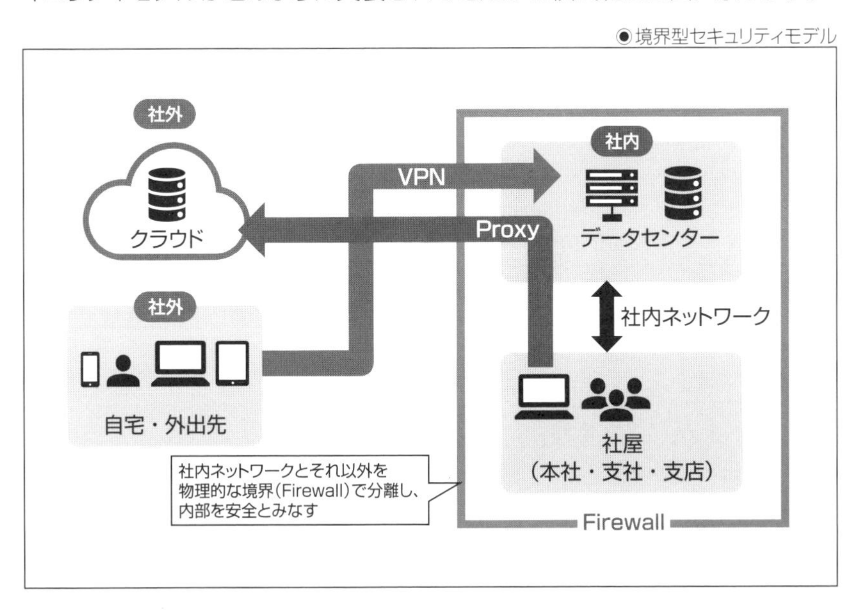

多くの企業がこの境界型セキュリティモデルを維持しながら、クラウドを利用することを検討します。自社で管理可能なネットワークに準じるものとして、Microsoft AzureのExpress RouteやAWS Direct Connectなどの閉域網接続を活かし、データセンターネットワークを延伸する形で実装しています。

◉境界型セキュリティの考え方でクラウドを利用する

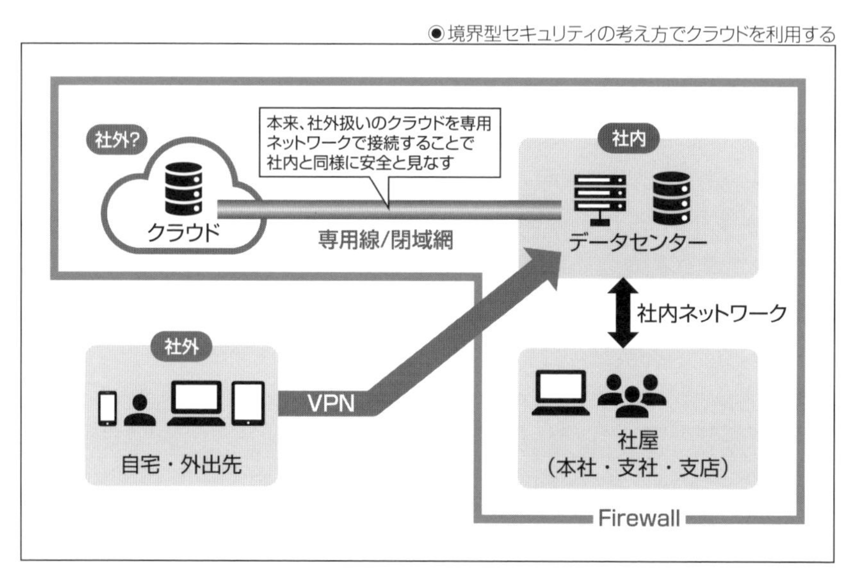

しかし、上述した通り、DXのためのデジタル基盤は常に変化が求められます。社内の開発体制から接続し、限られたユーザーが当該基盤にアクセスするならいざしらず、開発が海外を含めたアウトソーシングになるケースもあれば、一般消費者からのアクセスが劇的に増えることで急激なデジタル基盤の拡大を余儀なくされるケースもあるでしょう。また、DXの取り組みに方針転換があった場合には、いったん組み上げたデジタル基盤を破棄し、再構築を迫られることもありうると考えた場合、閉域網とその先に接続されるクラウド上のネットワークトポロジーを固定化し、境界として使われるファイアウォールの運用を行っていくことは容易ではありません。

ゼロトラストによって担保されるものとは

そこでゼロトラストという新しいセキュリティモデルの採用が求められることになります。

ゼロトラストは基本的な考え方として、ネットワークへの依存を極小化します。完全なゼロトラストの世界では、アクセスする側のサブジェクト（ユーザーやデバイス）と、アクセスされる側のリソース（アプリケーションやデータ）の間で、ネットワークや一度確立されたセッションなどを暗黙のうちに信頼することなく、都度、そのアクセスが正当であるかを確認することで、アプリケーションやデータの利用を許可（あるいは不許可）するモデルになります。常に細かな信頼に基づく確認を行い、安全であることが確認された直後のみ、暗号化された通信をエンドツーエンドで行う形にすることで、安全性を担保しようという考え方です。

クラウドを用いたデジタル基盤においては、これまで安全とされた自社で管理されたネットワークからのアクセスを中心とするセキュリティモデルではなく、攻撃者を含む未知のユーザー、未知のデバイスから、インターネットを経由してアクセスがあることを前提としたセキュリティモデルの検討が不可欠である、というのが筆者の考えです。

高度化するサイバー攻撃の手法や、多様化する攻撃者によるキャンペーン、ソフトウェアからバグがなくなることはない（つまり脆弱性も常に存在しておかしくない）というソフトウェア工学における常識などから、100%防御できることを前提としたセキュリティモデルというものは、よほど強固に外部との接続を制限できる限定的なシステム基盤以外にはありえない世界がすでに到来しているのです。

となれば、インターネットの活用が前提となり、クラウドを利用することで変化に耐えうる必要に迫られるデジタル基盤においては、少なくとも従来の境界型セキュリティモデルは、過渡期において一時的に効果を発揮することはあっても、恒久的に変化し続けるデジタル基盤を守り、インシデントレスポンスを迅速に行うためのセキュリティモデルとしては不向きといわざるを得ません。最終的なセキュリティは中間に存在するネットワーク上では担保できなくなるため、アクセス元となるサブジェクトとアクセス先リソース間で直接担保する形が望ましく、それを実現するための考え方がゼロトラスト、というわけです。

複雑化するネットワークに依存しないセキュリティモデルとすることにより、アンダーレイネットワーク/オーバーレイネットワーク上に実装されるファイアウォールや不正侵入防止システム(Intrusion Prevention System = IPS)や不正侵入検知システム(Intrusion Detection System = IDS)の設定変更が不要になり、デジタル基盤に対するニーズの変化に柔軟に対応することも容易になります。

また、今後予想されるネットワークトラフィックの増大に対してのスケーラビリティを担保することができます。DXによってクライアントとサービス間のトラフィックが増大することは間違いありません。たとえば、クラウドストレージにこれまで社内に置いていたファイルの多くが移行する、ビデオや音声などのストリーミングデータが絶え間なくネットワークを流れる、コラボレーションツールによる即応性を求められるサービスのためのセッション増加などによって、可視化されていなかったオンプレミスのLAN内トラフィックを超えるデータがネットワーク上を流れることになります。

こういった動向を現実のものと捉えた場合、従来のように個別にオンプレミスのデータセンターをハブとし、自社の拠点、および各種クラウドサービス間を結ぶネットワークアーキテクチャでは、データセンターネットワークがボトルネックとなります。ゼロトラストによってハブ&スポーク型ネットワークの中心をデータセンターネットワークからクラウド側にシフトするゼロトラストの考え方にすることで、ネットワーク構成の柔軟性を劇的に向上し、新たにハブとなるクラウドで提供されるネットワークサービス(Secure Access Service Edge = SASEなど)によってボトルネックを可視化し、必要なネットワークの増強を迅速に行うことができるようになります。ゼロトラストが変化に強いと考えられる理由の1つといえます。

◉SASEとはクラウドに実装される、セキュリティとネットワークの統合サービス

◉ゼロトラストはネットワークに依存しないアーキテクチャ

接続元NWは問わない
デバイス
スマートフォンなど
デバイスレベルのセキュリティを高める
インターネット経由ですべてのトラフィックを可視化する
アクセス元となるユーザーとデバイスを都度確認する
SASE SDP
クラウド
Webサイト
サーバー
ホスト

ゼロトラストへの移行で検討すべき前提

これらのことを踏まえ、ゼロトラストという新しいセキュリティモデルへの変革を検討しようとなった場合に重要になるのが、既存システムのアーキテクチャをどこまでゼロトラスト化するのか、どのくらいの時間をかけるべきか、についての検討です。

メリットが大きければ一刻もはやく施策を実行したいとなるのが当然ですが、スタートアップ企業のように新規にシステム基盤を検討できる企業を除けば、多くの場合、既存のシステム基盤、既存のネットワーク基盤、既存のセキュリティ施策への投資との整合性を踏まえ、移行にかかる時間を意識して計画を作る必要があります。

ここで留意したいのが、完全なゼロトラストの実現を目指すべきか、ということです。経験上、システム改修にかけることのできるコストやワークロードの観点で、従来型のネットワークアーキテクチャ、従来型の境界型セキュリティモデルの継続利用が望ましいと考えられるシステムを持っている企業が多くあります。そういった企業がすべてのシステム基盤をゼロトラストモデルに短期的に移行を目指すことは、非現実的です。

つまり、短期的には部分的なゼロトラストの導入を目標とし、最終的にどのようなシステム基盤のアーキテクチャを目指すのか、どのような段階を踏むことでそれを実現するのかを中長期で計画することが重要なのです。

短期的な視点においても、現行のシステム基盤の中で、どの領域をゼロトラスト化するのか、重複投資を最小化できるのかを見極め、そこにどの程度の投資規模が必要で、どの程度の時間をかけることが許容されるのかについて議論をする必要があります。

この点についてはCHAPTER 06でも、さまざまな実例を交えて説明します。

SECTION-07

リモートワーク/テレワークの活用とゼロトラスト

本節ではインターネットから社内の情報システムを利用することを前提とした、リモートワーク/テレワークとゼロトラストの関係について説明します。

なぜリモートワーク/テレワークのためにゼロトラストが必要なのか

次にモダンな働き方の基盤となった、リモートワーク/テレワーク(以降、リモートワーク)の安全な利用、という観点でゼロトラストに取り組む価値について解説します。

改めていうまでもなく、COVID-19のパンデミックを経て、日本社会における企業での働き方は激変しました。2010年代までリモートワークを実施することにセキュリティ上のリスクを感じていたり、そもそもリモートワークでは自社の業務は行えないと感じていた多くの企業が、事業継続の観点でほぼ強制的にリモートワークの実施を余儀なくされたのです。東京都の2022年の調査によれば、2020年(令和2年)の3月時点では24%に過ぎなかったリモートワークの実施率は、2022年の緊急事態宣言下では6割以上、緊急事態宣言が出ていない状況下でも半数以上の企業でリモートワークが実施されていることがわかっています。

COVID-19についてはパンデミックの完全な収束には至らずとも、ウイルスとの共存が現実的に求められるようになり、オフィス回帰、従来型の働き方への回帰を模索する企業も増えたものの、今後もパンデミックのみならず自然災害や安全保障上の理由など、さまざまな局面における事業継続のためには、従業員が働くことのできる場所に自由度を持たせる必要がある、という点については、異論の余地はないでしょう。

さて、このリモートワークを支えるIT技術の最たるものは、仮想プライベートネットワーク(Virtual Private Network、以降VPN)です。VPNは1990年代半ばから使われている技術で、企業においては主に社外ネットワーク、特にインターネットから社内ネットワークへのアクセス経路を作り、通信を暗号化することで社外からセキュアに企業内情報にアクセスすることを目的に発展してきました(もちろん拠点間接続、データセンター間接続などでもVPNは利用されていますが、この節ではリモートワークに主眼を置いて記述しています)。

●リモートアクセスに利用されるVPN

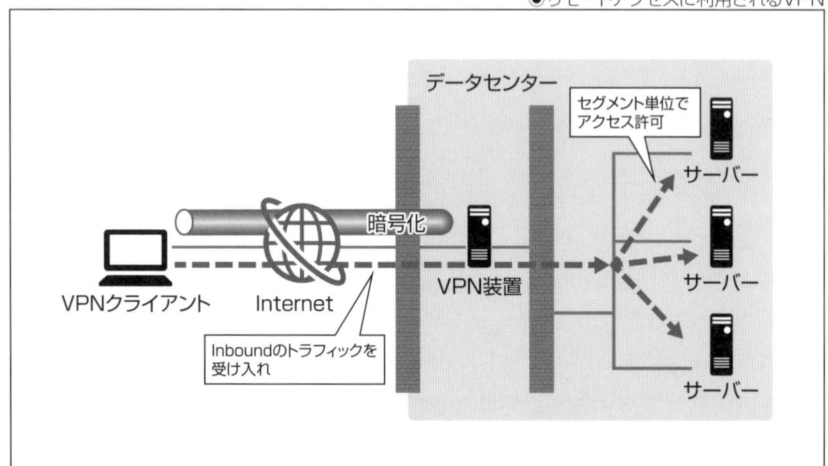

筆者自身はこれまで従事してきた企業がリモートワークを全面的に認めていたこともあって、ほぼ四半世紀に渡りこのVPNを用いた、自宅を含む社外からの業務を行ってきました。この間、筆者自身の経験でいえば、専用のPCMCIA通信カードから始まり、USB接続のPHS、最大1Mbps程度のマンション共有回線、4G/LTEを用いたテザリング、光回線を用いたブロードバンド接続と、使用する回線は大きく変化してきたにもかかわらず、VPNの基本的なアーキテクチャは変わっていません。企業内に用意されたアクセスポイントまたはVPNゲートウェイを経由し、ID/パスワードを用いた認証を経て企業内システムにアクセスできる、というものです。

VPNで企業内ネットワークに入った後は、クライアントからTCP/IPによるアプリケーションへの接続が行えるわけですが、一般的にはアプリケーションが配置されたIPセグメントなどは特殊な事情がない限り制約されず、企業内ネットワーク全体へのアクセスが行える状態で運用されていることが多いものと考えています。

さらに、筆者は自身が使用する業務環境としては経験していませんが、多くの企業においてオンプレミスのアプリケーションのみならず、インターネット上に配備されたアプリケーションやサービスに対してアクセスする際も、VPNでいったん社内ネットワークにアクセスすることを必須とし、いったんデータセンター内のネットワークを経由した上で社内に配備されたプロキシサーバーなどを介することをルールとしているケースがあります。

もちろん、このルール、アーキテクチャ、施策は、従業員のインターネットの業務外利用を禁じたり、業務におけるすべての監査ログを取得するなど、コンプライアンス、ガバナンスに関する必要性に伴うものです。

すでにお気付きの読者の方も多いと思いますが、この旧来のVPNを用いたリモートアクセスには、少なくとも下記3点の課題が存在しています。

- 入ってくるトラフィック増と回線帯域の拡大によるVPNのキャパシティ課題
- VPN自身が持つセキュリティリスク
- データセンターネットワーク自体がボトルネックとなる可能性

これらの課題はリモートワークを行う従業員自身の生産性や、セキュリティインシデントに直結する課題であり、2020年ごろにはすでにこれらの課題が顕在化したことによって、VPNの更改や強化に費用を投じた企業も数多くあったものと認識しています。

●従来型VPNの課題

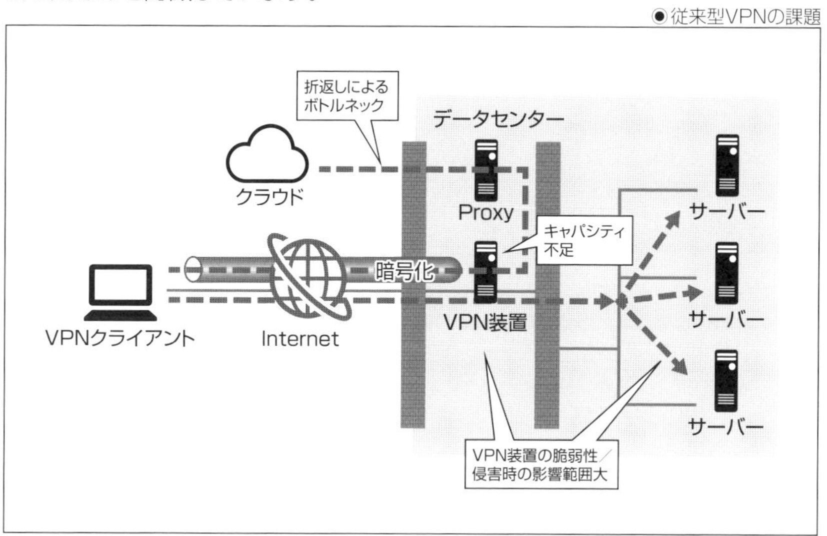

少し前置きが長くなりましたが、ゼロトラストを用いたセキュリティモデルの実装によって、これらVPNが持つ課題が解決できます。つまり、企業が事業継続のため、ないしは従業員エンゲージメントの向上のために、従業員の働く場所、働ける場所の自由度を高める必要がある中、リモートワーク実装における旧来のテクノロジーの構造的課題、セキュリティ課題、パフォーマンスの課題を解決するために、ゼロトラストが活用できるということです。

旧来型VPNのキャパシティ課題を、なぜゼロトラストが解決可能なのか

ゼロトラストは前述の通り、物理的なネットワークへの依存を大きく軽減します。そのために、認証・認可やセキュリティ、ネットワーク関連のサービスについては、アクセス元がどんな物理的なネットワークであってもアクセス可能なクラウドサービスにコントロールプレーンと呼ばれる制御のための仕組みを持つことが必須となります。

VPNについてもゼロトラストの世界では、オンプレミスにゲートウェイを置くのではなく、ゲートウェイ本体はクラウドサービス上に実装し、アクセス先がクラウドの場合はそのままインターネット経由でアクセスさせ、アクセス先がオンプレミスの場合はアクセス先のシステム側がアウトバウンド(外向けの通信)でゲートウェイに接続することで、社外からのアクセス経路を開く形になります。

このようなアーキテクチャを取るVPNの仕組みを、ゼロトラストネットワークアクセス(ZTNA)や、ソフトウェア定義型境界(Software Defined Perimeter = SDP)と呼んでいるベンダーが多いので、本稿ではVPNと対比する形でZTNAと呼称します。

◉ZTNAのアーキテクチャ

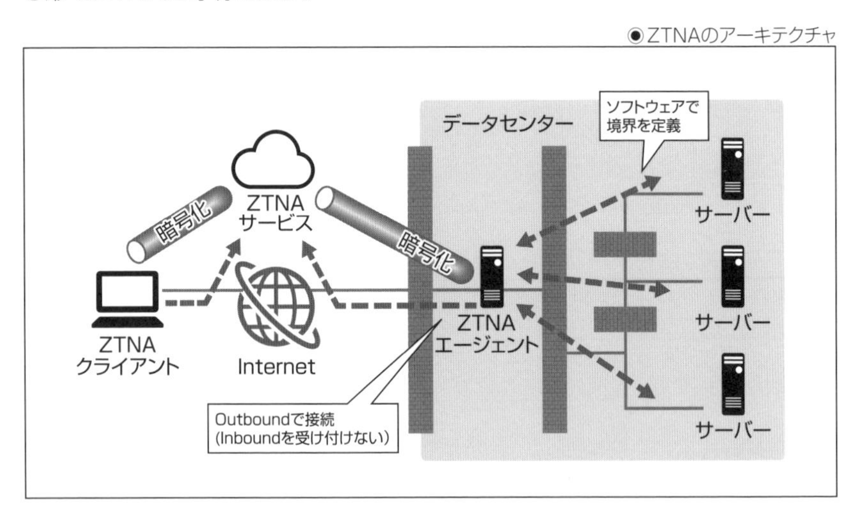

ZTNAと従来型VPNの違いの1つは、そのキャパシティがクラウドサービスとして提供されるゲートウェイサービスに依存するのか、オンプレミスに配備するアプライアンスや接続回線といった設備に依存するのか、というところです。

従来型VPNでは、接続元ネットワークからのトラフィックが増え、キャパシティの問題が発生した場合、アプライアンスの置き換えやアップグレードが必須となります。この作業の困難さは製品によって異なるところはあるにせよ、一般にシステム基盤の置き換えやアップグレードは、サービス停止時間の最小化、フォールバックの可能性、変更管理のプロセス、ユーザー影響への配慮など、さまざまな付帯条件を考慮して計画する必要があるだけでなく、大きな一時的な費用が発生することもあり、容易に行えるものではありません。

対してZTNAでは、従来型VPNの置き換えと同様、変更管理のプロセスなどは必要になるものの、基本的にはクラウドサービスのサブスクリプションを、より大きなサイズのものに切り替えるだけです。サービスの仕様に依存する部分もあり、従業員規模や要件によってはサービスのテナントを分割するなどの設計変更が必要になるケースもありえますが、自社で構築・運用管理が必要な従来型VPNではなく、クラウドサービスとして利用するZTNAならではの柔軟性・容易性があることは否定できません。

つまり、クラウドサービスとしてのZTNAを用いたゼロトラストの環境では、従来型VPNと比較してキャパシティ問題への対処が容易ということになるのです。

旧来型VPNよりセキュリティレベルが高い理由

従来型VPNが展開されている企業では、前述の通り、いったんVPNのセッションを張ることができれば、その後はオンプレミスのアプリケーションが配備されるサーバーセグメントなり、データセンターネットワーク全体にアクセスできるようになっているケースが多くあります。アプリケーションのライフサイクルとVPNを含むネットワーク基盤のライフサイクルが異なることや、細かくアプリケーションごとにアクセス制御をかけたくとも手間がかかりすぎることが、このような実装になっている要因と考えられますが、サイバー攻撃の高度化に伴い、この実装には大きなセキュリティリスクがあるといわざるを得ません。

たとえば、VPNの認証が、ブルートフォース攻撃などによる正規アカウントの漏洩や、多要素認証疲労攻撃などにより突破されてしまった場合、攻撃者はネットワーク的に多数のシステムへの侵入経路を得ることになり、ラテラルムーブメントによりさらなる特権の取得や、秘匿情報へのアクセスのリスクにつながります。これを従来型VPNを利用しつつ防ぐために、データセンターネットワークにマイクロセグメンテーションと呼ばれるソフトウェア定義型ネットワーク(SDN)を用いたソリューションを展開するという選択肢もありますが、既存のネットワーク全体に手を入れなければならないケースも多く、また費用的にも割高になりがちです。

ZTNAは前述の通り、クラウド側にゲートウェイにあたるコンポーネントを配置し、オンプレミスのデータセンターネットワークにシームレスにアクセスさせるのではなく、アプリケーションやシステムごとにアウトバウンドでセッションを張ることによって、社外から社内への経路を確立します。この場合、もし攻撃者によってZTNAの認証が突破されたとしても、従来型VPNとは異なり、攻撃者はネットワーク全体への経路を確立することができません。

ネットワーク経路の観点で、ラテラルムーブメントを防ぐことができるということは、従来型VPNとZTNAを比較してのアドバンテージといえます。

データセンターネットワークをボトルネックにしないために

アクセス元クライアントとアクセス先となるクラウド上に配備されたアプリケーションやデータ、そして従来のオンプレミスのデータセンターのそれぞれが、直接インターネットに接続されている環境が一般化しています。

既存のネットワークアーキテクチャをまったく考慮しない場合、クライアントがオンプレミスにアクセスしたい場合のネットワーク経路はVPNやZTNA経由になりますが、クライアントからクラウド上に配備されたアプリケーションにアクセスする場合、当然インターネットを介して直接通信することがパフォーマンス上最も望ましいアクセス経路といえます。

それでも前述の通り、多くの企業がガバナンス/コンプライアンスの観点から、クライアントからVPNを経由していったん社内ネットワークを介してクラウドにアクセスすることを従業員に強いているのが現状であり、また企業のシステム基盤のクラウドシフトが進む中、いったん社内ネットワークを介することで通常のインターネットアクセスに関してすら、パフォーマンスの問題が発生した企業は少なくありません。クラウドサービスとしてWeb会議システムなどを導入した企業では、帯域不足やネットワークの遅延などにより、重要なコミュニケーション手段の1つであるWebカメラを用いた会議を、原則禁じていることすらあります。

このような課題を解決するために、プロキシサーバーを増強したり、データセンターに接続されているインターネット回線を増強するなどの施策を取っている企業もありますが、本質的にはクライアントとクラウド上のアプリケーションとの通信経路を、本来あるべきインターネットを用いた直接通信とし、データセンターを介さないモデルとするのが正しいアプローチです。

そのために、ガバナンスとコンプライアンスの観点で、従業員が正しく業務データをやり取りしているのか、不正アクセスに意図せず加担していることはないのか、データ漏洩に繋がる振る舞いはないのか、などを判断するための各種通信ログを、アクセス元のネットワークを問わずきちんと取得できることが重要です。

ゼロトラストでは、前述のクラウドサービスとして提供されるSASEの、セキュアWebゲートウェイ(SWG)やクラウドセキュリティアクセスブローカー(CASB)などの機能や、同じくクラウドから認証・認可の機能を提供するサービス(Identity as a Services = IDaaS)を用い、これを実現することができます。適切にこれらのサービスを実装することにより、データセンターネットワークを迂回路として利用する必要がなくなり、結果的に従業員のデジタル体験を向上させることができるようになります。

リモートワークにおける生産性向上とゼロトラスト

本節ではここまで、特に従来型VPNに依存したアクセス経路の課題点を中心に、ゼロトラストがリモートワークの実施に効果的であることを述べてきましたが、これらはあくまでシステム部門、IT部門の視点です。リモートワークを行い、ビジネスを遂行する従業員にとっては、セキュリティモデルを変革したことに対してそこまで大きな改善を実感することは難しいでしょう。

しかし、ゼロトラストという新しいセキュリティモデルは、他にも従業員側に良い効果をもたらすことが可能です。

たとえば、パスワード運用です。ゼロトラストを実現するための中核コンポーネントの1つ、認証・認可を司るIDaaSを用いて、日常的な利用シーンからパスワード入力を廃する(パスワードレス)ことができます。

多くの企業でパスワードは未だ、認証のための中核です。しかも、パスワードそのものを推測されにくくするために文字数は長大化(12文字以上)し、複雑性を担保するために英大文字・小文字・数字・記号などを組み合わせたものが必要とされたりしています。日常的にこういった複雑なパスワードを入力する従業員側の視点では、パスワードレスはそのデジタル体験を大きく高める要素となりえます。

スマホのアプリを活用した多要素認証の仕組みで、ワンタイムパスワードを利用したり、モダンなデバイス管理(統合エンドポイント管理)によってクライアントデバイスの状態をリアルタイムに把握し、デバイスが企業の定めたルールを守っているときとそうでないときで認証の要件を変化させる条件付きアクセスを導入したりすることによって、パスワード漏洩などのリスクを低減しつつ、従業員のデジタル体験を高めることが可能です。

また、スマホなどのモバイルデバイスそのものを使った業務体験の向上も、ゼロトラスト導入の副次的効果となりえます。これまで企業におけるスマホ利用は、主に電話やメールといった、純粋なコミュニケーション手段に限って展開されるケースが多く、そのように用途を限定する理由としては、やはり「セキュリティに対する不安」が挙げられていました。

ゼロトラストというセキュリティモデルで利用されるさまざまなソリューションは、その多くがモバイルデバイスに対応し、たとえば企業が調達するデバイス、個人所有のデバイスなどに合わせたセキュリティレベルを同一の仕組みで展開し、端末内部の暗号化やデータ漏洩防止(Data Loss Prevention = DLP)などの機能を使用することができるようになります。リモートワーク時、モバイルデバイスを業務アプリに利用することで、さらなる生産性向上を企図した施策を取ることができるようになるのです。

ゼロトラストというセキュリティモデルへの転換は、単にセキュリティレベルを高めるだけでなく、リモートワーク時の利便性を高め、従業員自身の生産性向上に直接的に寄与するソリューションとなりうるのです。

SECTION-08

企業がゼロトラストに取り組むべきその他の理由

本節では、これまで述べてきたこと以外に、企業がゼロトラストに取り組むべき理由を説明します。

狙われる海外法人・拠点とガバナンスの再構築

近年、サイバーセキュリティインシデントの発生事例を見ていると、日本企業の海外法人が攻撃を受け、被害にあったケースが目立ちます。

筆者は経験上、日本に本社を置くグローバルカンパニーのシステム部門との会話の中で、「海外法人に対して（日本国内に置いた）システム部門のガバナンスがなかなか効かない」という声を数多く聞いてきました。理由はもちろん各社さまざまではあるはずですが、共通の理由の1つは「各国が独自で閉じたシステム基盤を構築している」ということにあるように思います。

歴史のある企業では、海外にもオンプレミスのシステム基盤を持っていたり、キャンパスネットワークがあったりで、詳細がわからず、なかなか個別具体的なサイバーセキュリティ対策を本社側から提案できないというのがこれまでの経緯なのではないかと推察しています。

各国が独自に境界型セキュリティモデルを展開している結果、適切な全体アーキテクチャを構築できていない、あるいはセキュリティ対策に穴があるといった場合に、本社としてはセキュリティインシデントが発生してから、問題点を把握する形となります。結果的に国内あるいは世界的なブランドの毀損につながってしまっているケースも散見されます。

本章でも繰り返し述べてきた通り、ゼロトラストというセキュリティモデルは、物理的なネットワークへの依存度を低減し、インターネットを中心とし、サイバーセキュリティのガバナンスコンプライアンスもクラウド上に配備したコントロールプレーンで制御するモデルへの変革ということができます。

ネットワーク的に隔離された生産設備などは別として、こと社内ITや社外との接点となるネットワーク環境を想定した場合、グローバルカンパニーが各国に展開する海外法人・海外拠点も、インターネットに接続されていることはほぼ間違いなく、ゼロトラストの導入は海外法人・海外拠点を含めた共通のサイバーセキュリティ施策となりえますし、クラウド上のコントロールプレーンを共通化することによるガバナンスの強化にも役立つでしょう。

ゼロトラストは魔法の銀の弾丸ではないので、導入するだけで海外法人で発生するセキュリティインシデントをなくしたり、強固なガバナンスを構築するといった効果を発揮するわけではないものの、これまで海外法人に対するガバナンスに課題を感じていた企業は、こういった視点での検討も必要なのではないでしょうか。

セキュリティリスクを低減するオブザーバビリティ(可観測性)の実現

ゼロトラストというセキュリティモデルの導入は、主としてこれまでの境界型セキュリティでは守りきれなかった攻撃の防御策として捉えられていますが、セキュリティ全体を俯瞰したネットワークアーキテクチャを変革し、インターネットを中心にしたセキュリティに切り替えることで、これまで可視化できなかったさまざまなデバイスやアプリケーションの挙動に関するデータを集約することができるようになり、それらを可視化することによってインシデント発生前のリスクを低減することにも役立ちます。

たとえば、これまでオンプレミスに構築された資産管理ツールとActive Directoryなどを利用して従業員に配布したPCの管理などを行ってきた企業があった場合、リモートワークのために端末が社外に持ち出されると、途端にその端末の利用状況が見えなくなる、といった事象が発生します。

もともとの管理方法が社内ネットワークに接続されていることを前提としているためにこのような事態になるわけですが、ゼロトラストの世界では端末管理もセキュリティサービスの一環として、インターネットから行われる形になります。これにより、たとえば社外に持ち出された端末が、実際に電源ONで使われているのか、どのようなアプリケーションが導入されているのか、社内のセキュリティルールを遵守した状態が保たれているのか、といった情報を、リアルタイムに近い形で収集・可視化することができるようになります。

エンドポイントディテクションアンドレスポンス(Endpoint Detection & Response = EDR)などのエンドポイント保護施策もゼロトラストを実現するためのコンポーネントの1つですが、こちらもインターネットにコントロールプレーンが置かれることにより、アプリケーションの振る舞い検知などを、クライアントが接続されるネットワークに依存しない形で実行することができるようになります。

　このように、ゼロトラスト導入によるクライアントが接続されるネットワークに依存しないセキュリティの実現は、これまで見えなかったセキュリティリスクにつながるさまざまなデータを把握・可視化し、セキュリティインシデントが起きてから把握をする事態を減らす、オブザーバビリティの機能を充実させることができるのです。

SECTION-09

本章のまとめ

本章で説明してきた通り、ゼロトラストはDXによるビジネス拡大のための基盤や従業員エンゲージメントの礎となる働く場所の自由度を高める施策、企業のガバナンスやコンプライアンスの向上といった、さまざまな効果を生み出します。

サイバーセキュリティ対策というファンダメンタルの視点だけでなく、企業の成長、競争力を支えるための付加価値として、ゼロトラストの採用・移行を検討する企業が増えることで、相対的に導入にかかるコストの低減や、技術のコモディティ化、そしてユーザー企業自身のサイバーセキュリティへの知見拡大、そしてデジタル推進に役立つものと考えます。

CHAPTER 03
ゼロトラストアーキテクチャとは

本章の概要

ゼロトラストを実現するためのフレームワークともいえるのが、ゼロトラストアーキテクチャ（ZTA）です。本章ではこのゼロトラストアーキテクチャの歴史から、アーキテクチャの概要、その実装へのアプローチについて解説します。

SECTION-10

ゼロトラストの歴史

本節ではゼロトラストという決して新しくない概念が、実装可能なアーキテクチャになるまでの大まかな歴史を説明します。

概念としてのゼロトラスト

概念としてのゼロトラストの歴史は古く、2010年にはすでにForrester Research, Incのジョン・キンダーバーグ氏(所属は当時)によって従来の「トラストモデル」の限界と、それを補う新たなセキュリティアーキテクチャとしてのゼロトラストが提唱されていました。

また、ゼロトラスト実装のモデルとして取り上げられることの多いGoogleの「BeyondCorp」についても、正確な時期は不明ですが、2010年台初頭にはコンセプトとして確立していたものと思われます。

しかしながら本稿執筆時点(2022年)で、企業のセキュリティアーキテクチャとして、ゼロトラストを全面採用している企業は、その多くがIT企業や新興企業です。長い歴史を持ち、情報システムに取り組んできた企業の多くは、従来の境界型セキュリティを踏襲しつつ、極一部のシステムやリモートアクセスのための基盤にゼロトラストを部分的に実装しているに過ぎません。

これはゼロトラストが優れた概念でありながら、実際にそれを企業が実装するためのテクノロジーやアーキテクチャに関する共通認識が、セキュリティ業界とIT業界全体で作られなかったことが主な理由であると筆者は考えています。セキュリティ製品ベンダーはゼロトラストという新しい概念を、自社の持つ強みを生かした形で実装し、既存製品の付加機能や新製品として市場に送り出しました。しかし、ベンダー間のコモンセンスが欠けていたため、ベンダーAとベンダーBが同じ「ゼロトラストの実装」を目的とした製品として販売しているにもかかわらず、まったく異なる守備範囲、まったく異なる製品構成、まったく異なる機能であったため、クラウドシフトを進める過程でより安全なセキュリティアーキテクチャを模索する企業としても「どの程度の投資規模で、何を行えば、自社のセキュリティアーキテクチャをより安全なものにシフトできるのか」について結論を出しにくい状況が続いていたことも、非常に大きな要因であったと考えられます。

ゼロトラストアーキテクチャの確立

このような状況の中、2020年にパブリックプレビュー版としてリリースされたのが、米国国立標準技術研究所（National Institute of Standards and Technology = NIST）によるスペシャルパブリケーション（Special Publication）SP800シリーズ207号（以降、NIST SP800-207と表記）です。

NIST SP800-207ではゼロトラストという用語を「ネットワークが侵害されることを前提に、情報システムやサービスに対する要求の不確実性を排除し要求ごとの最小特権を持つ正確なアクセス決定を実施するための概念とアイデアのコレクションを提供する」ものとし、その実装のためのアーキテクチャとして、ゼロトラストアーキテクチャ（ZTA）を「ゼロトラストの概念に基づいた、コンポーネントの関係性、ワークフロー、アクセスポリシーなどを含めた、企業におけるサイバーセキュリティの設計図」として定義しました。

NIST SP800-207は企業におけるゼロトラストの実装に指針を示したという意味で、大きな意義がありました。何を、どこまで実装できれば、自社はゼロトラストを実践できるのかを明確にし、その実装までのロードマップを描き、どの程度の時間と投資を行えば、より安全でモダンなセキュリティアーキテクチャに移行できるのか、より具体的に検討できるようになったのです。

NISTは2021年にはNIST SP800-207を正式採用版としてリリースし、標準として世界中で参照されるようになりました。

次節からNIST SP800-207を紐解き、内容の一部を紹介しますが、内容は本稿執筆時点のものであること、また筆者による解釈が含まれていることをご了承ください。読者の方々には可能な限り最新の原典（下記URL）を参照されることをおすすめします。

- NIST SP800-207

  URL https://csrc.nist.gov/publications/detail/sp/800-207/final

- NIST SP800-207 日本語訳

  URL https://www.pwc.com/jp/ja/knowledge/column/awareness-cyber-security/zero-trust-architecture-jp.html

SECTION-11

ゼロトラストの7つの原則

NIST SP800-207ではゼロトラストの考え方としてよく語られる、物理的なファイアウォールによる広範囲な境界型防御を排するという、これまでのセキュリティアーキテクチャからどのような要素技術が除外されるか、ではなく、基本的な理念として下記7つの原則を掲げ、この原則を理想像として置きつつ、企業の戦略としてはその完全性に拘る必要はなく、どのような実装を目指すのかを意識すべきであるとしています。

1. すべてのデータソースとコンピューティングサービスをリソースとして見なす
2. ネットワークの場所に依存せず、すべての通信を保護する
3. 企業リソースへのアクセスは、セッション単位で権限を付与する
4. リソースへのアクセスは、クライアントのアイデンティティ、アプリケーションやサービス、リクエストする資産の状態、その他の属性を含めた動的ポリシーで決定される
5. すべての資産の整合性とセキュリティ動作を監視・測定する
6. すべてのリソースの認証と認可を動的に行い、アクセスが許可される前に厳格にチェックする
7. 資産、ネットワーク基盤、通信の状況などについて、可能な限り多くの情報を収集し、セキュリティ態勢の改善を実施する

各項目について、筆者の知見を交えて簡単に解説します。

すべてのデータソースとコンピューティングサービスをリソースとして見なす

ゼロトラストの実装において、クライアント-SaaSサービス、アプリケーション - データベース、サーバー - サーバーなど、さまざまな接続はすべてサブジェクト(主体)とリソース間の通信として定義付けられます。そして、データやサービスは、その提供形態を問わずリソースとして見なされるものとしています。

ネットワークの場所に依存せず、すべての通信を保護する

企業ITのセキュリティ設計において、長年、暗黙の了解とされていたのは、境界で守られた社内ネットワークは安全であり、自社の管理下にないインターネットを含む社外のネットワークは安全ではない、という、ネットワークごとにその基準を設け、セキュリティ対策を行うというものでした。

ゼロトラストではこのような考え方を否定し、どんなネットワークに接続されたサブジェクトからのリソースへのアクセスであろうと通信を保護することを原則の1つとしています。これはこれまで安全とされてきた社内ネットワークを盲目的に信頼しないことで安全性を高めるという考え方であると同時に、社内ネットワークとインターネットがゼロトラストの世界では等価であることを示しており、完全なゼロトラストに移行することで社内ネットワークにかかっていたセキュリティ対策コストを削減できる可能性があるとも考えられます。

企業リソースへのアクセスは、セッション単位で権限を付与する

これまでのアプリケーションやデータへのアクセスは、適切なクレデンシャルを用いている、ないしはファイアウォールなどのポリシー上、許容されている場合、盲目的に許可されるのが一般的な実装でした。

ゼロトラストの世界ではこのアクセスを許可する／拒否する検証の粒度をより細かくし、セッション確立あるいは更新のタイミングで毎回チェックすることが求められます。また、いったん、あるリソースに対してアクセス許可が成された場合に、そのアクセス権を他のリソースに対して流用することは許可されず、セッションごとに個別に権限を付与する必要があります。ただし、現状この原則を実装するためのテクノロジーは成熟しておらず、セッション確立時のチェックは可能ですが、接続後はある程度の頻度（たとえば数時間、ないし日単位）でチェックを行う形になります。

リソースへのアクセスは、クライアントのアイデンティティ、アプリケーションやサービス、リクエストする資産の状態、その他の属性を含めた動的ポリシーで決定される

アクセス権を付与する方法も、これまでのファイアウォールの静的ポリシー（いったんユーザーによって設定されたポリシーは、ユーザーが変更を行わない限り維持される）などと異なり、動的であることが求められます。たとえば、同じクレデンシャルを用いたアクセス要求であったとしても、そのクレデンシャルを用いてログインしようとしているPCなどのデバイスが、企業が定めたコンプライアンスポリシーを正しく遵守しているのか、その資産が正しく払い出されたものなのか、そのユーザーの直近のアクセス要求にリスクが高い挙動が見られなかったか、などのさまざまな属性を都度、動的にリスクの判断を行った上で、アクセス許可するような仕組みが必要となります。

わかりやすい例を挙げれば、認証・認可の仕組みに条件付きアクセスを導入することです。ユーザーの使用しているデバイスの状態などをリスクスコアなどで動的に判断し、スコアが低い場合はアクセスを許可、スコアがしきい値を超えると追加の認証を求める、さらに高いリスクスコアが検出された場合は、アクセスを遮断するといった措置を取ることになります。

すべての資産の整合性とセキュリティ動作を監視・測定する

アクセス元となる資産は原則として信頼してはいけない、という、ゼロトラストの本質とも呼べる原則です。信頼に足る資産・サブジェクトであるかどうかを判断するためには、それぞれのデバイスやアプリケーションの状態、セキュリティ態勢（Security Posture）を監視するために継続的診断と対策（Continuous Diagnostics & Mitigation = CDM）が必要となり、その資産が本来正しく企業から払い出されたものであったとしても、その状態が適切でなければセッションを確立させなかったり、すでに接続されたアプリケーションへのアクセスを中断できるようにします。この原則を実現するために、これまでのサイバーセキュリティ対策より粒度の細かい情報の継続的ロギングとトラッキングが必要になるのです。

すべてのリソースの認証と認可を動的に行い、アクセスが許可される前に厳格にチェックする

リソースへのアクセスでは認証・認可を厳格、かつ動的に行うことが原則として謳われています。これまでのシステムにおいては、いったん認証が行われたクレデンシャルに対する継続的なモニタリングが行われることは稀であり、また、その認証の可否については静的なポリシーによって決定されるのが一般的でした。

ゼロトラストアーキテクチャを実装したシステムにおいては、5の原則によって実装されるCDMにより、認証要求があった場合にその要求時点でそのクレデンシャルを利用しているユーザーの直近の行為などをチェックし、認証要求が妥当であるかをポリシーに基づき、さまざまな要素を判断材料として決定することが求められます。

同様に、アプリケーションへのアクセス権を確認する認可についても、たとえば、昨日までアクセス権があったので今日もアクセスを許可するといった、盲目的な判断を行わず、アクセス要求があった時点でその要求が妥当なものなのか、都度、動的に判断する必要があります。

このような仕組みの実装には、さまざまな要素による動的な多要素認証をサポートし、どのようなネットワークからのアクセス要求にも対応可能な認証・認可のシステムが必要であり、一般にクラウドサービスとして提供され、インターネットに接続されたすべてのサブジェクトからの認証・認可のリクエストを受けることのできるIDaaS(Identity as a Services)の実装がゼロトラストアーキテクチャには不可欠です。

また、ゼロトラストによって厳格なアクセス管理を行うべきアプリケーションも、このIDaaSでサポートされる認証・認可のプロトコル(SAML、OAuth、WS-Federation、OpenID Connectなど)に対応している必要があります。

資産、ネットワーク基盤、通信の状況などについて、可能な限り多くの情報を収集し、セキュリティ態勢の改善を実施する

これも5と重なる部分がありますが、可能な限り多くの要素について、可能な限り多くの情報を収集し続け、これらを分析することによって常に適切なセキュリティ態勢を維持することが必要です。セキュリティ態勢とはすべてのリソースが適切にセキュアな状態(ファームウェアやOSのアップデート、ハードニングされた設定など)を維持するということであり、セキュリティ態勢を維持するためにもすべての資産を監視・モニタリングできることが重要になります。

また、次章で詳細が解説されますが、収集した情報はアクセスリクエストに対して妥当性を判断する動的ポリシーの展開(「コンテキストベースのアクセス制御」や「条件付きアクセス」と呼ばれるものです)にも利用されます。

これら7つの原則ですが、現在の企業におけるIT環境で完全に実装することは困難です。たとえばネットワーク機器や認証・認可のシステムで、すべてのセッションに対し、リアルタイムかつ動的にアクセスコントロールを行うためのテクノロジーの欠如や、既存のシステムからの移行や実装にかかるコストなどが、その要因となります。

しかし、原則の完全性を担保することにこだわることより、段階を追って理想に近づける施策を継続的に取り続けることが重要になります。

SECTION-12

ネットワークにおける ゼロトラストの視点

セキュリティ施策としてのゼロトラスト原則が前節であるならば、企業のネットワーク設計やアーキテクチャの刷新における、ゼロトラストアーキテクチャの取り込みに関しては、もう少しシンプルに前提条件を置くことができます。

NIST SP800-207では、下記の6項目をネットワーク設計における前提条件として挙げています。

1. 企業のプライベートネットワークを、暗黙のトラストゾーンと見なさい
2. ネットワーク上のデバイスは、自社が保有・構成可能なものに限らない
3. どんなリソースであっても、本質的に信頼されるものではない
4. すべての企業リソースが、企業のインフラストラクチャー上にあるわけではない
5. リモートから接続されるサブジェクトや資産は、ローカルネットワークを信頼すべきでない
6. 企業内と外部のインフラストラクチャー間を移動する資産とワークフローに、一貫したセキュリティポリシーを適用する

これらの前提を見て気付くと思いますが、「社内ネットワークは安全」「インターネットは危険」といったネットワークそのものを信頼の要素とする考え方や、社給PCしか業務に利用できないというルールで接続される端末を制限することができる、社内で管理しているから信頼できるなどの、ネットワーク設計上は従来、暗黙の了解とされていた部分を再考し、ユーザーがどんなデバイスやネットワークを使っていようと、企業のリソースがオンプレミスにあろうとクラウドにあろうと、等しくセキュアにするためのネットワークを意識して設計する必要があるということです。

また、これらの前提条件を念頭においた場合、セキュリティポリシーやネットワークポリシーなどをユーザーやデバイスに強制するための基盤は必然的に、アクセス元のデバイスやネットワークを問わずに利用可能なインターネット上に配備される必要があることも、理解できると思います。

SECTION-13

ゼロトラストアーキテクチャの論理的構成要素

本節ではゼロトラストアーキテクチャにおける論理構成と、その実装に向けてのアプローチとバリエーションを、NIST SP800-207を補間する形で解説します。

概念フレームワークモデルとは

前々節、前節で取り上げた7つの原則と6つの前提条件を満たすためのアーキテクチャを想定した場合、どのような論理的構成要素を意識しなければいけないのでしょう。NIST SP800-207ではゼロトラストの実装において必要となる、さまざまなコンポーネント間の関係性を、下記の概念フレームワークモデルで示しています。

●概念フレームワークモデル(NIST SP800-207より引用)

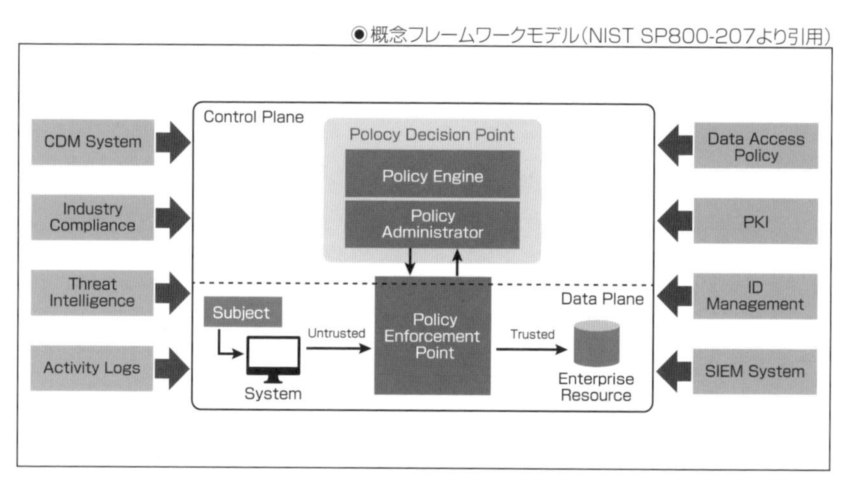

さまざまな言葉が図中に出てきますが、まず大枠を理解する必要があります。

中心の大きな枠内には、「コントロールプレーン(Control Plane)」「データプレーン(Data Plane)」という言葉があります。ソフトウェア定義型ネットワーク(Software Defined Network = SDN)に詳しい人には馴染みの深い言葉ですが、コントロールプレーンは「ポリシーを管理し、リクエストに対して動的な要素を加味して判断し、通信や認証・認可の可否を決定する」機能群、データプレーンは「コントロールプレーンの決定に従い、実際に主体とリソース間でのやり取りを司る」機能群と考えてよいでしょう。

たとえば、これまでのファイアウォール機器では、そのハードウェアの中に静的なポリシーを事前に設定し、そのポリシーに従って同じハードウェアが実際に通信を許可したり、遮断したりするのが一般的でした。ゼロトラストアーキテクチャでは、このポリシーを保持し、判断する機能と、トラフィックを通す機能を分けて考えるということです。

なぜこのような考え方をすべきなのか、そうせざるを得ないのかについて、補足説明します。ゼロトラストの世界では、多様な機器やサービスから、可能な限り多くの情報(ログや設定)を収集し、その情報に基づいてアクセス許可などの判断を動的に行う、ということが、7つの原則で謳われています。もし、ファイアウォール自身がこれまで通り、そのハードウェアの中でポリシーの判断を行うという実装にした場合、当該ファイアウォールはID管理やSIEM、CDM、エンドユーザーが使用しているデバイスの状態などから、大量の情報を収集することが必要となります。しかし、通常ファイアウォール自身は、大量のログを保持するだけのストレージも備えていませんし、コントローラーであるASICはトラフィックを制御するのに精いっぱいで、リアルタイムに他のシステムから情報収集しながら、動的な判断を行うような余裕はありません。

つまり、ゼロトラストの原則に基づくと、これまで通りファイアウォールの中で制御を完結することに無理があるため、これまで自前で行っていた制御(コントロール)の部分を分離して、別のサービスや機器と分業することをある程度、想定しないといけなくなるわけです(もちろん、ファイアウォール自身の性能向上・機能拡張によって、ゼロトラストの制御機能をファイアウォールが持ち続けるという選択肢もありえますが、あまり現実的とはいえません)。

そしてコントロールプレーンに、動的なポリシー制御を実現するための情報を提供する要素として、図の左右に記載されるような、さまざまな情報ソースが存在します。ゼロトラスト7つの原則(50ページ参照)の4、6、7に従い、セキュリティに関連するすべてのコンポーネントにおける可能な限り多くの情報を収集しつつ、動的なポリシー制御を実現するために、これらの情報ソースから集められたデータをコントロールプレーンのポリシー決定ポイント(PDP)が参照して、適切なアクセスコントロールを都度行えるようにすることが、ゼロトラストアーキテクチャの論理モデルにおけるポイントといえます。

ゼロトラストアーキテクチャ実装へのアプローチ

NIST SP800-207では、ゼロトラストアーキテクチャ実装に至るためのアプローチとして、次の3つの方法が紹介されています。

1. 拡張アイデンティティガバナンスの利用
2. マイクロセグメンテーションの利用
3. ネットワークインフラとSDPの利用

これらの3つのアプローチはそれぞれ独立したものというより、最終的にはいずれの要素技術の実装も望まれるものではありますが、企業における既存のシステムないしネットワークインフラにおける課題の優先順位や、単年度で投資可能な金額規模などに応じて、何から手を付けるべきかという観点でのアプローチとなっています。それぞれについて少し掘り下げてみましょう。

拡張アイデンティティガバナンスの利用

アクセス制御の起点として、ユーザーのアイデンティティを利用することを前提に、セキュリティの全体アーキテクチャにおけるアイデンティティガバナンスを設計・実装することを優先するアプローチです。

リソースへアクセスするサブジェクト(主体)がIoT(Internet of Things)機器などではなく、従業員や一般消費者を含む、特定されるユーザーを想定したシステムにおいて、「誰」が「何」にアクセスできるのかを適切にポリシーとして定義するかが重要であることはいうまでもありませんが、ゼロトラストの原則に従い、一度認可したアクセス権限を恒久的に付与することは適切ではありません。そのアクセス元が「誰」であるかを認証後は、すべてのリソースへのアクセスやトランザクションの都度、そのアクセスが適切かどうかをさまざまな情報をもとに確認した上で、動的に認可する仕組みを作ることが、拡張アイデンティティガバナンスです。

このような仕組みを作るために有益なのが、前述のIDaaSとコンテキストベースのアクセス制御または条件付きアクセスです。多くの企業で導入済みの統合認証システムから、IDaaSを中心としたモダンな認証・認可システムを追加または移行を行い、それを起点に新規・既存リソース側がその認可のシステムに対応するというアプローチを取ることで、セキュリティアーキテクチャをゼロトラストアーキテクチャに近づけていくわけです。

マイクロセグメンテーションの利用

マイクロセグメンテーションとは、境界に設置したファイアウォールでセグメント化されていた企業のデータセンターネットワークを、リソースごとの粒度でより小さなセグメントに分離・分割することです。SDNやネットワーク仮想化の技術によって実現でき、このテクノロジーそのものは比較的成熟したものではあるのですが、セキュリティの観点でこれまで、データセンターネットワーク全体にマイクロセグメンテーションを展開している企業は多くありません。

境界型セキュリティの考え方に置いては、境界の内部に当たるネットワークは安全という暗黙の了解があったため、これまで既存のネットワークに大きな手を入れる必要のある、データセンターネットワークへのマイクロセグメンテーションの適用は、企業の情報システム部門やセキュリティ担当部門に重視されてこなかった、というのが理由であろうと、筆者は考えています。

しかし、ゼロトラスト、そしてゼロトラストアーキテクチャの実装へのアプローチにおいては、既存のデータセンターネットワーク全体が暗黙の信頼ゾーンとして定義されていては、最終的なリソースへのアクセス制御を適切に行うことができないため、ゼロトラストアーキテクチャに基づくシステム設計が方針として確定している状況下においては、少なくとも既存システムの更新や既存ネットワークへの新規システム実装時などに、マイクロセグメンテーションの導入は不可欠なものとなります。

このアプローチは、最終的に既存システムを含めたすべてのセキュリティアーキテクチャをゼロトラストアーキテクチャとすることが確定している場合に、既存のデータセンターネットワークへのマイクロセグメンテーションを適用することを優先するアプローチとなります。

ネットワークインフラとSDPの利用

2のマイクロセグメンテーションの利用と同様に、SDNやネットワーク仮想化の技術を用いますが、既存システムが存在するデータセンターネットワークにとらわれず、企業内ネットワーク全体を対象として適切な境界をソフトウェアで定義することから始めるアプローチです。

企業内ネットワークにはLANやWAN、インターネット接続など、さまざまなネットワークが存在していますが、これらを1つのフラットなネットワークと見なした上で、SASEやSDP、ZTNAなどの製品を組み合わせて適切な境界を動的に定義できるよう、再設計することになります。

多くの企業でこの作業は非常に困難、かつ実装には多大なコスト(費用と時間)がかかります。そこで、最終的なあるべき像を定義した上で、たとえばクラウドアプリケーションへのアクセス、インターネットからの社内で稼働する既存システムへのアクセス、など、スコープを絞って実装の優先順位や手段を検討していくことになります。

抽象化されたアーキテクチャの展開バリエーション

NIST SP800-207ではここまで説明した論理フレームワークモデルやアプローチに従い、どのような形で個々の技術が実装されるのか、そのバリエーションが説明されています。

1. デバイスエージェント/ゲートウェイベースの展開
2. エンクレーブ(飛び地)ベースの展開
3. リソースポータルベースの展開
4. デバイスアプリケーションのサンドボックス化

これらの展開バリエーションは、それぞれ実装に必要となるテクノロジーが異なるため、少々理解しにくい面があります。ここではそれぞれの展開について、具体的な実装の例を上げながら説明します。

◆ デバイスエージェント/ゲートウェイベースの展開

「デバイスエージェント/ゲートウェイベースの展開」は、最も一般的なゼロトラストアーキテクチャの展開方法を示しています。

◉デバイスエージェント/ゲートウェイベースの展開(NIST SP800-207より引用)

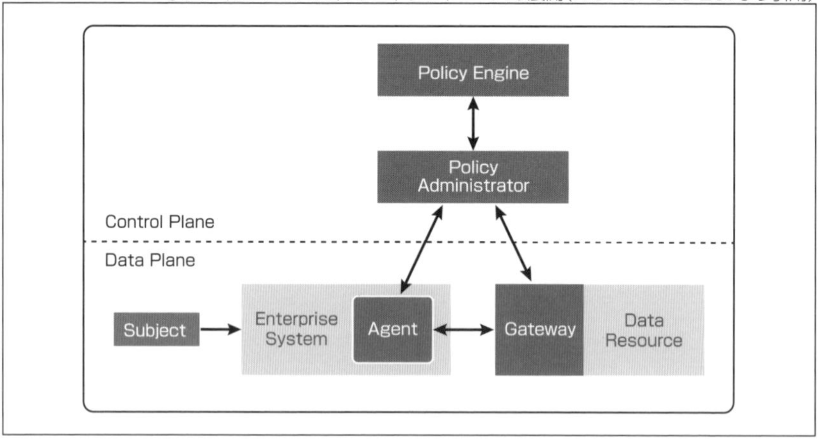

アクセス元となるサブジェクト側のデバイスやブラウザーなどのアプリケーションにエージェントと呼ばれるモジュールを組み込み、アクセス先の各リソース自身がそれぞれエージェントとデータのやり取りを行うためのゲートウェイをアプリケーションやOS単位で持ちます。エージェントとゲートウェイ間で実際に通信する、ないしセッションを確立する際には、コントロールプレーン側でその妥当性チェックが行われ、問題ない場合のみデータへのアクセスが許可される仕組みです。

この展開方法をサポートするための主なテクノロジーは、ネットワークの観点ではSDP/ZTNA、認証・認可の観点ではIDaaSと条件付きアクセスの仕組みが該当します。たとえば、SDPソリューションを展開する場合、各デバイスには多くの場合エージェントと呼ばれるソフトウェアがインストールされ、SDPのコントロールプレーンにトラフィックの宛先を誘導します。リソースとなるアプリケーションやホスト側も、SDPのゲートウェイを通じてデバイスからのアクセス要求を受け取り、実際のトラフィックを処理する形となります。また、認証・認可の仕組みでの実装においても、デバイス側はOS組み込みのエージェント機能、もしくは別途インストールされるエージェントソフトウェアによって、デバイスの状態(パッチの適用状況などのコンプライアンス状態)を認証・認可のシステムと受け渡し、IDaaSが実質的なゲートウェイとして各アプリケーションとの通信を許可する仕組みが実装されます。

この「デバイスエージェント/ゲートウェイベースの展開」をすべてのサブジェクトとリソースに展開できることがゼロトラストアーキテクチャの展開としては最も望ましい状態ということができますが、残念ながら企業の既存システムにおいては、アプリケーションやホストごとにこのアーキテクチャを実装する前提となる、SDPとの接続性やIDaaSで利用される認証プロトコルに対応していないことが往々にしてあります。そういった場合に一時的あるいは恒久的な古いアプリケーションやホストプールに対しての対応として展開のシナリオとなるのが、次のエンクレーブベースの展開となります。

◆エンクレーブ(飛び地)ベースの展開

1の「デバイスエージェント/ゲートウェイベースの展開」と比較するとわかる通り、1と2の「エンクレーブ(飛び地)ベースの展開」の相違点はアプリケーションやデータリソースごとにゲートウェイがあるのではなく、リソースエンクレーブと呼ばれるプールごとにゲートウェイを設ける形となっていることです。

●エンクレーブ(飛び地)ベースの展開(NIST SP800-207より引用)

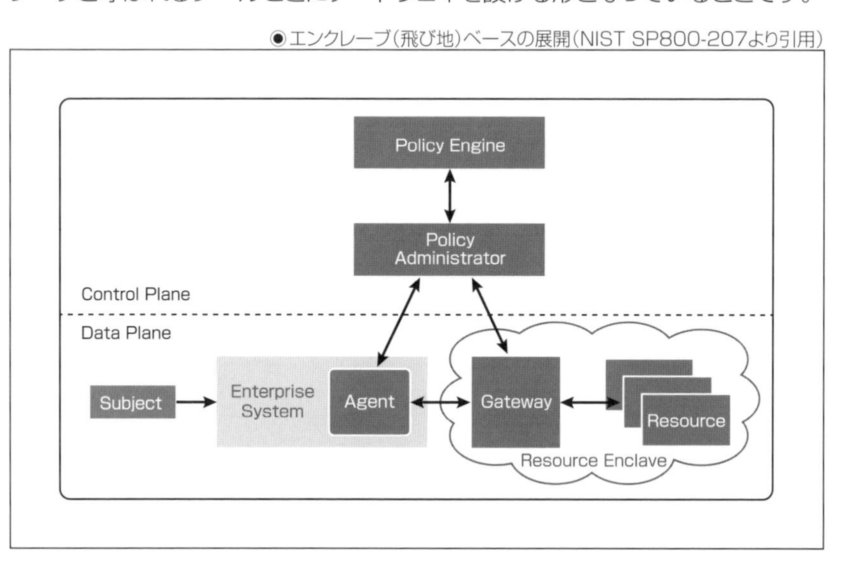

この展開バリエーションを取ることで、古いアーキテクチャのアプリケーションやデータリソースに対しても、ゼロトラストアーキテクチャの考え方によるアクセス制御を取り入れることができます(もちろん、エンクレーブ内のリソースごとにセキュリティレベルを分けるような必要がある場合は、その実装方法を別途検討する必要があります)。

このエンクレーブとは、たとえば、SDNやネットワークスイッチによるマイクロセグメンテーションや、仮想デスクトップ基盤(Virtual Desktop Infrastructure = VDI)などを用いて実装することが可能です。VDIそのものをエンクレーブに対するゲートウェイとして実装し、ユーザーがVDIへのアクセスする際、デバイスエージェントとの間での通信の妥当性が担保できるように1の手法で実装することで、エンクレーブに対するセキュリティレベルを単にユーザーID/パスワードや単純な多要素認証によるVDIへのアクセスより強固なものとすることができ、総じてシステム全体のリスク低減につなげることができるという考え方になります。

◆リソースポータルベースの展開

1とも2とも異なる展開バリエーションとして、「リソースポータルベースの展開」があります。これは各リソースにゲートウェイを紐付けるのではなく、リソース接続前にゲートウェイとなるポータルにユーザーがアクセスし、そのポータル上でアクセス制御を行う展開方法となります。

◉リソースポータルベースの展開(NIST SP800-207より引用)

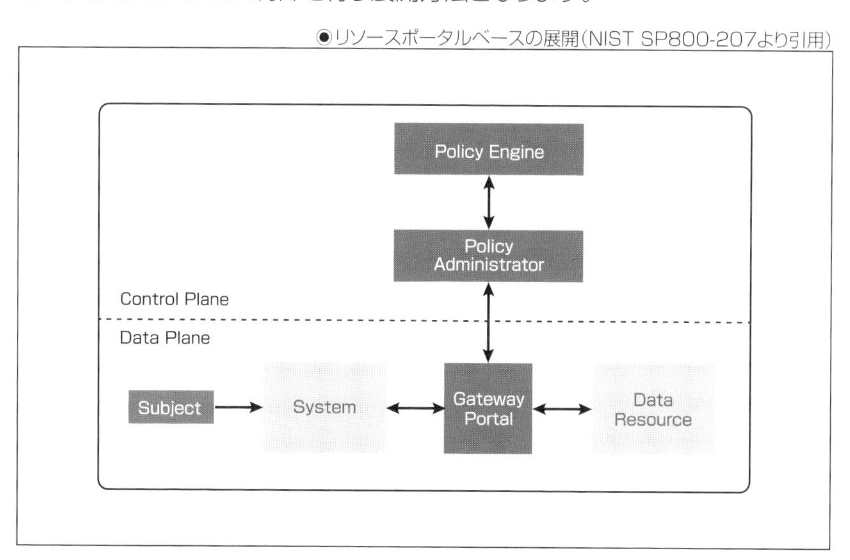

この方法を理解するためのわかりやすい例として、多くのIDaaSソリューションが持っているアプリケーションポータルがあります。IDaaSでは認可の仕組みの一環として、アクセス先となるアプリケーション(ゼロトラストアーキテクチャではリソース)をユーザーに一覧で表示し、そのアイコンやリンクをクリックすることでアクセスの妥当性を検証した上で接続します。[1]の場合と同様、各リソースはIDaaSで対応するアプリ側の認可のプロトコルを利用できることが前提となりますが、ネットワークなどに大きな変更を加えることなく、ゼロトラストアーキテクチャの展開を進めることができます。

◆デバイスアプリケーションのサンドボックス化

最後に説明するのが、「デバイスアプリケーションのサンドボックス化」です。これは1～3のいずれも、専用アプリケーションやWebブラウザを介した、モダンアプリケーションを対象にしか展開できない方法であることに対し、サブジェクト側で利用される各デバイス内にインストールされるアプリケーションそのものに対しても、ゼロトラストアーキテクチャを展開するためのバリエーションということができます。

◉デバイスアプリケーションのサンドボックス化(NIST SP800-207より引用)

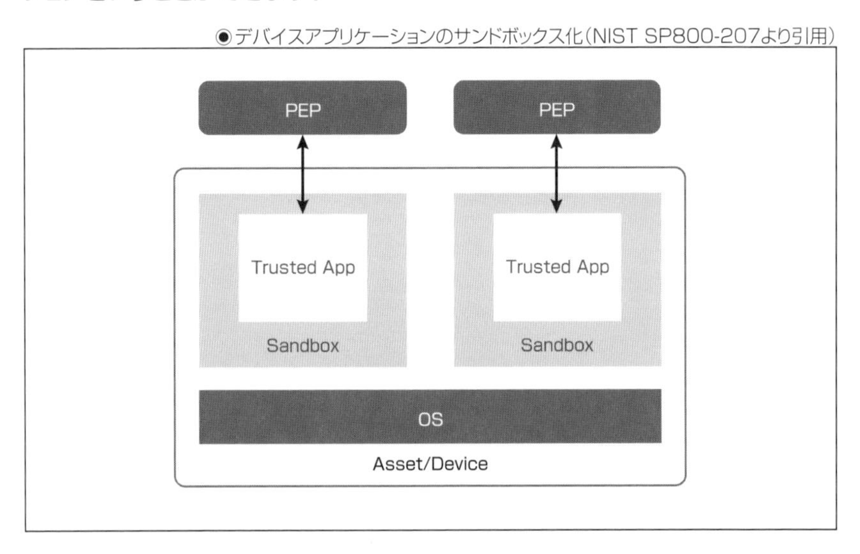

ネットワーク上でマイクロセグメンテーションを実装するように、デバイス内のアプリケーション(リソース)間で相互にデータのやり取りを禁じつつ、アプリケーションの信頼できるバージョンをサンドボックス化(カプセル化)し、ゼロトラストアーキテクチャに準じた形でコントロールプレーン側のアクセス制御を行うことを意図しています。

筆者の知る限り、クライアント側でこの展開バリエーションを完全な形でサポートできるテクノロジーはまだ存在していませんが、Windowsアプリケーションそのものをサンドボックス化することについてはすでに成熟した技術があります。たとえば、OSが持つHyper-Vなどの仮想化技術や、仮想化技術を活用してアプリケーションのカプセル化技術などを用い、Win32アプリケーションやWebブラウザを信頼できる状態で固定化、ユーザーに展開するためのソリューションがそれに当たります。

このようなソリューションは「アプリの仮想化」や「セキュアブラウザ」などのキーワードを用いて数多く市場で販売されているので、それらを1～3と併せて展開することにより、個々のデバイスアプリケーションに対する防御を強化することや、単体のアプリケーションがサイバー攻撃によって信頼性が既存した場合においても、他のアプリケーションとデータへの影響を最小化することができ、全体としてセキュリティレベルを高めることにつながるものと考えます。

また、厳密にはここで想定されているデバイスアプリケーションとは異なりますが、サーバー側の処理についてもネットワークレベルではなく、アプリケーションレベルでサンドボックス化、カプセル化のアプローチを取ることも、選択肢の1つです。サーバー仮想化技術や、Kubernetesを活用したコンテナ基盤などにおいてはイミュータブル(不変)な展開という形で実装されます。これらの技術を活用することによって、サーバー側アプリケーションに対する安全性の向上や、攻撃を受けた際に他のアプリケーションへの影響の最小化につながります。

本章のまとめ

本章ではゼロトラストという概念をアーキテクチャとして確立させた、NIST SP800-207によるゼロトラストアーキテクチャについて、その概略と筆者の解釈による実装へのアプローチについて説明しました。

- ゼロトラスト7つの原則
- 論理的構成要素
- 実装に向けてのアプローチ
- 展開バリエーション

NIST SP800-207本文には、本章で解説した以外の範囲として、導入シナリオ・ユースケースやゼロトラストアーキテクチャの運用に関するリスクなどが含まれます。

本書では後続の章にて、NIST SP800-207とは異なるアプローチで、これらの内容をカバーしていますが、前述の通りゼロトラストの実装を検討される場合は、ぜひ原典となるNIST SP800-207も参照してもらいたいと思います。

CHAPTER 04
ゼロトラスト アーキテクチャの 構成要素

本章の概要

本章では、ゼロトラストアーキテクチャを構成する技術要素やソリューションを、「認証・認可」「デバイス」「ネットワーク」「クラウド」「検知・運用・自動化」の5つのカテゴリーに分類し、それぞれ紹介していきます。

SECTION-15

ゼロトラストアーキテクチャを構成する技術要素

近年は特に、クラウド利用の拡大やリモートワークの増加などの背景から、保護すべきリソース(データ、アプリケーション、エンドポイントなど)がますます広範化し、また従来の境界防御の考え方による「(暗黙的に)安全なネットワーク」を定義することが難しくなってきています。このような課題を抱えるユーザーが増えていることも、ゼロトラストアーキテクチャ(Zero Trust Architecture = ZTA)への期待が高まっている大きな要因です。

しかしながら、前章で説明した通り、ゼロトラストアーキテクチャは特定の技術やソリューションの名称ではなく、ゼロトラストの原則に基づいた、さまざまなセキュリティ技術を組み合わせてシステム全体を網羅するようなアーキテクチャです。具体的に何ができるものなのか、自社のシステムに足りないものが何なのか、と疑問に思われるかもしれません。

米国のCISA(Cybersecurity and Infrastructure Security Agency)が発表した「ゼロトラスト成熟度モデル」[1]では、システムのゼロトラスト成熟度を評価する柱として、次の5つを挙げています。

- アイデンティティ
- デバイス/エンドポイント
- ネットワーク
- アプリケーションワークロード
- データ

さらに、これらに共通して含まれるべき要素として下記が挙げられています。

- 可視性と分析
- 自動化とオーケストレーション
- ガバナンス

[1]:CISA ZERO TRUST MATURITY MODEL(https://www.cisa.gov/zero-trust-maturity-model)

◉ゼロトラストの基盤

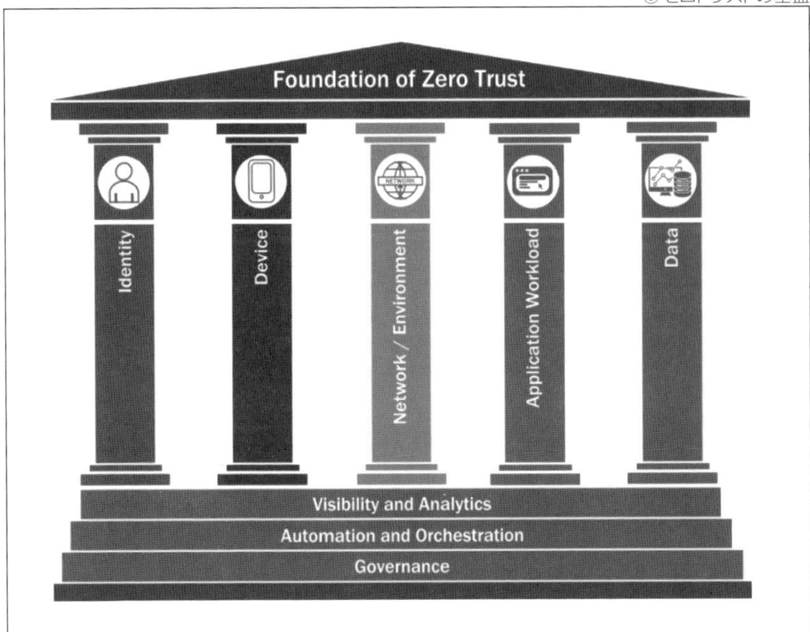

※出典：https://www.cisa.gov/sites/default/files/publications/CISA%20Zero%20Trust%20Maturity%20Model_Draft.pdf

ゼロトラストアーキテクチャの技術要素やソリューションはこれらの柱を中心としつつ、複数の柱にまたがるものや、共通要素である可視性や分析に焦点をあてたものなどがあります。そこで、本章では「認証・認可」「デバイス」「ネットワーク」「クラウド」「検知・運用・自動化」の5つのカテゴリーに分類し、各セクションで説明していきます。

ゼロトラストアーキテクチャのコンポーネントとフレームワークモデル上の役割(PA/PE/PEP)は、次ページの図のようになります。

◉ゼロトラストアーキテクチャを構成するコンポーネントと役割

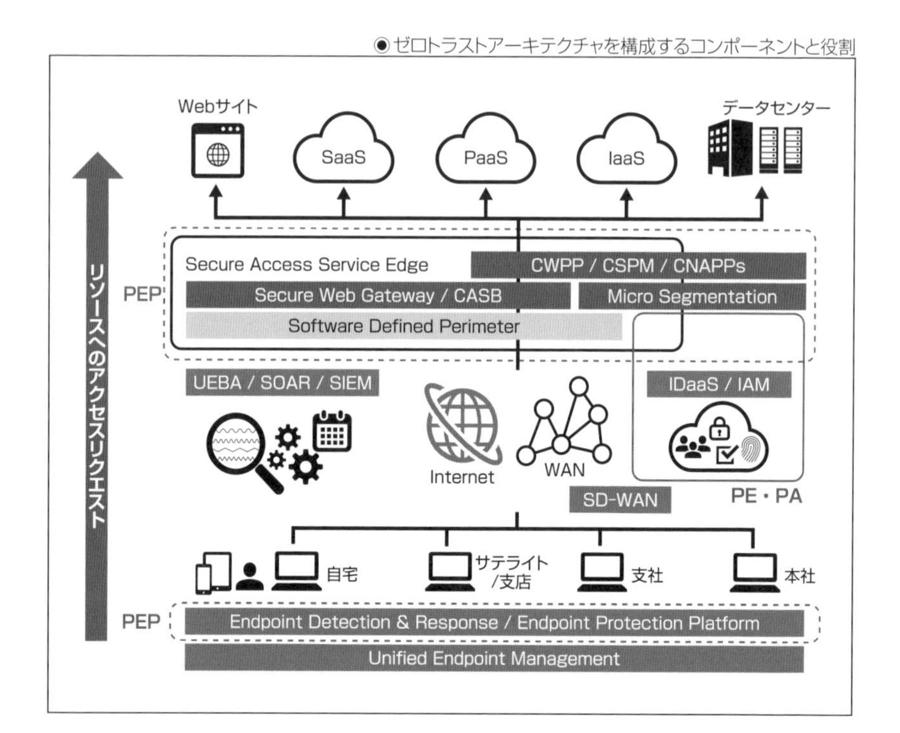

SECTION-16

認証・認可

認証および認可は、リソースへの必要最小限のアクセス権限を付与し継続的に評価するという、ゼロトラストの考え方を実装する上で根幹となる機能です。もちろん、従来のITシステムにおいても認証や認可は重要なセキュリティ機能ですが、ゼロトラストアーキテクチャにおいては、認証によってアクセスを制御されるべき対象（リソース）が何であるか、認証される主体をどのように評価するか（クレデンシャルや認証プロトコル）、いつ、どこで認証を行うか、付与するアクセス権限が必要最小限であるか、といった点を見直す必要があるでしょう。

一般的にIDとアクセスの管理（Identity and Access Management = IAM）は次のような4つの主要なプロセスによって説明されます。

◉IDとアクセスの管理の主要なプロセス

プロセス	説明
識別（Identify）	サブジェクトを一意に表すアカウントを作成する
認証（Authentication）	リソースへのアクセスを要求したサブジェクトが誰（どのアカウント）であるかを証明する
認可（Authorization）	サブジェクトがリソースに対してアクセス権を持っているか否かを判断し、実行する
アカウンティング（Accounting）	サブジェクトによるリソースへのアクセスを記録（Audit）[2]、追跡する

◉IAMの主要プロセス「識別」「認証」「認可」「アカウンティング」

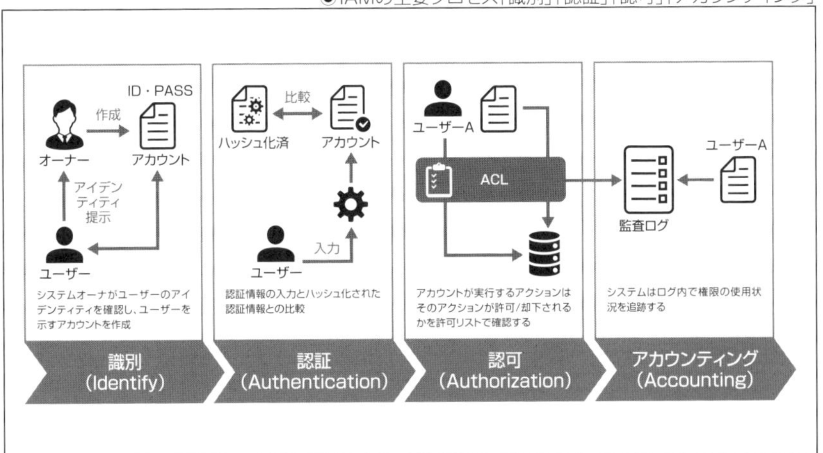

[2]：監査（Audit）がアカウンティングと別のプロセスとして説明される場合もあります。

アカウントを作成・管理し、識別を行うのは主にユーザーリポジトリーやIDaaSといったサービスの役割となります。認証・認可・監査の機能を提供する認証プロトコルや認証サーバーは、頭文字をとってAAA(トリプルエー)と呼ばれ、ディレクトリサービスなどと合わせて提供されることが一般的です。これらを統合し、IAMのプロセス全体をカバーするようなサービスや製品もIAMと呼ばれます。

このセクションでは、IAMのプロセスのうち、とくに認証・認可に関連する基本的な事項を再確認しつつ、新しい認証方式やアイデンティティ管理の考え方などを解説します。

アイデンティティとは

米国国立標準技術研究所(NIST)のSP800-63-3「Digital Identity Guidelines」[3]では、「Identity(アイデンティティ)」を「An attribute or set of attributes that uniquely describe a subject within a given context.(与えられたコンテキストにおいてサブジェクトを一意に表す属性(の集合))」と定義しています。

そして、このアイデンティティを記載したものがID(Identity Document)です。

ここでは、サブジェクトはリソースへのアクセスを要求するユーザーやデバイス、ソフトウェアプロセスなどを指し、アプリケーションやネットワーク、データ・ファイルなどのリソースはオブジェクトと呼ばれます。必ずしもサブジェクトは人間とは限らず、リソースへのアクセスを要求する実体全般、デバイスやソフトウェアプロセスも含まれることに注意してください。

そして、「与えられたコンテキストにおいて」という点も重要です。サブジェクトを記述する属性が複数あったとして、「アイデンティティ」として必要とされる属性は「コンテキスト」に依存します。行政サービスや銀行、その他の企業サービスを利用する際に本人確認として求められる情報は、氏名や電話番号、住所、生年月日が一般的ですが、免許証や保険証などの公的機関の発行する身分証明書が必要な場合もありますし、それらの証明書に添付されている顔写真が必要になる場合もあります。何をもって「アイデンティティ」とするかは提供するサービスの内容などに基づいてサービスの提供側が決定します。

[3]: NIST Digital Identity Guidelines(https://pages.nist.gov/800-63-3/)。翻訳版はhttps://openid-foundation-japan.github.io/800-63-3-final/index.ja.html

ITシステムにおけるデジタルアイデンティティについても同様で、「この情報をアイデンティティとして使用すれば間違いがない」という絶対的な基準は存在しません。このシステムでは何をもって「アイデンティティ」として十分であると判断するのか、という「コンテキスト」の定義はそのシステムの機能を提供する側が行う必要があり、これが不十分であればシステムの脆弱性につながり、過剰であればユーザーの利便性の低下やプライバシー保護の観点から望ましくありません。どのようなID管理ソリューションや認証プロトコルを使用するかに依存せず、提供する機能の内容や重要度から判断すべきです。

COLUMN

自己主権型アイデンティティ／DID

現在、一般的に利用されている中央集権的なアイデンティティの管理方法に対し、自己主権型アイデンティティ(Self-Sovereign Identity = SSI)と呼ばれるアイデンティティのあり方が注目されています。

中央集権的なアイデンティティの管理方法とは、アイデンティティの追加や変更の権限が一箇所に集中している形態を指します。

たとえばSNSやさまざまなSaaSサービスにログインするために、GmailやTwitterアカウントを使用してSSO(Single Sign-On)を行っているユーザーは、万が一GoogleやTwitter社が突然サービスを停止すれば、多くのサービスへのアクセスを失うことになります。

これはデジタルアイデンティティに限りません。戸籍は国に管理されており、各自治体を通して登録や変更の申請はできますが、個人が勝手に作成することはできません。

これに対し、SSIは自分が自分のアイデンティティの主権者(Sovereign)であるべきであるという考え方です。

SSIはまだ議論中の概念であり、実装方法も定まっていません。有力な案の1つとしては、アイデンティティを分散管理(Decentralized Identity = DID)してアイデンティティプロバイダ(IdP)への依存度を下げるという思想のもと、IDの分散管理台帳をブロックチェーン上に構築するDIDs(Decentralized Identifiers)という技術が注目されています。

ただ、ブロックチェーン自体が完全な分散管理を実現できていない現状、これが完全なSSIの実装解とはまだいえません。

SSIが近い将来に企業ITシステムのアイデンティティ管理に適用される可能性は低いですが、考え方自体は理解しておくとよいでしょう。

ID管理

アイデンティティ管理のフレームワークである「ISO/IEC 24760-1:2019 IT Security and Privacy - A framework for identity management - Part 1: Terminology and concepts」[4]の第7章「Managing identity information(アイデンティティ情報の管理)」において、アイデンティティライフサイクルは次のように説明されています。

◉アイデンティティライフサイクル

ライフサイクル	説明
Unknown(不明)	エンティティ[5]を特定可能なアイデンティティ情報が登録されていない状態
Establishment(確立済み)	必要なアイデンティティ情報が検証され、登録されてアカウントが生成された状態
Active(アクティブ)	アイデンティティ情報がID管理システム上に存在し、エンティティがシステムリソースへアクセス要求をできる状態
Suspended(サスペンド)	アイデンティティ情報がID管理システム上に存在するが、エンティティがシステムリソースを利用できない状態
Archived(アーカイブ)	アイデンティティ情報がまだID管理システム上に存在するが、エンティティがもう存在しておらず参照不可能な状態

◉アイデンティティライフサイクル

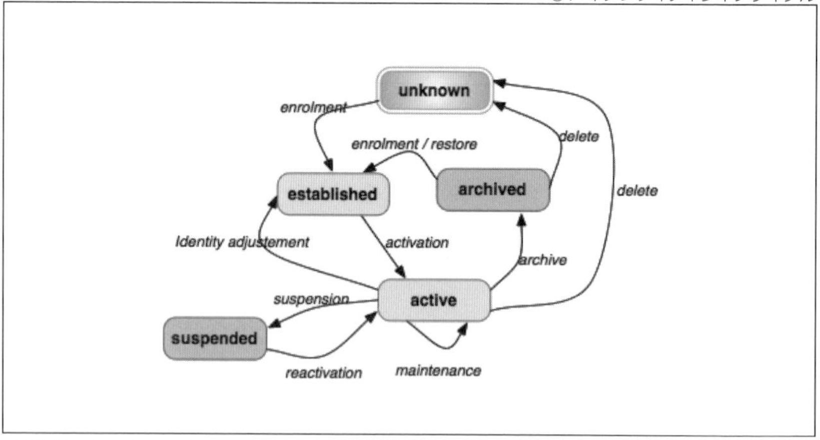

※出典:https://www.iso.org/standard/77582.html

[4]:ISO/IEC 24760-1:2019 IT Security and Privacy — A framework for identity management — Part 1: Terminology and concepts(https://www.iso.org/standard/77582.html)

[5]:サブジェクトと実体としては同じですが、サブジェクトがリソースを要求する主体としての意味合いであるのに対し、エンティティは存在する実体そのものを指します。

企業内のID管理では、新しく入社した社員にアカウントを払い出し、社内システムを利用可能にし、何らかの違反行為や休職などの際にアカウントを適切なタイミングでサスペンドさせ、異動があれば古い権限を削除して新しい権限を付与し、退職時には速やかにアーカイブし、完全に不要になれば削除する、といったような一連のオペレーションを正確に、タイムリーに行う必要があります。ID管理ソリューションでは、あらかじめ定めたポリシーに従って、イベント発生時に複雑な設定変更を自動的に行うなどの支援機能を備えているものが多くあります。

そもそもその人物に社員用アカウントを払い出してよいのか否かの検証はもちろん重要ですが、こちらはID管理ソリューションだけではカバーしきれない部分となり、セキュリティ運用ポリシーが重要になります。デジタルアイデンティティのガイドラインを示すNIST SP800-63のドキュメントに「Enrollment and Identity Proofing(SP800-63A)」というアイデンティティを登録してアカウントを払い出す際のアイデンティティ保証についてのガイドがあるので参考にしてください。

また、ゼロトラストでは、ユーザー名とパスワード以外の情報も使用して認証を行うことで、なりすましなどの各種攻撃への対策としたり、リソースへのアクセス可否を判断する材料としてユーザーの所属する部門や使用している端末の健全性などの情報を使用して動的なアクセス制御を行うことが求められているため、これらの属性を管理できることがゼロトラストアーキテクチャにおけるID管理ソリューションとして最低限必要になります。

SaaSやパブリッククラウドの利用が拡大している状況においては、上記に加えてオンプレミスとクラウド両方のID基盤を統合または連携する機能や、利用している複数のSaaSサービスへ単一のIDでログイン可能なSSOに対応していることも重要な要件として挙げられます。

すでにオンプレミスのID基盤が整備されている環境では、次節以降で述べるような機能を持つソリューションと組み合わせて連携する、または、ID基盤を移行するという選択肢があるでしょう。

◆IDaaS(Identity as a Service)

IDaaSとは一般的にIAMをクラウドSaaSとして提供する製品・サービスを指します。したがって、IAMの4つの主要プロセス(識別・認証・認可・アカウンティング)を機能として備えていることがIDaaSの条件となります。

すなわち、「識別」に相当するディレクトリサービス機能(アイデンティティ情報の登録・保管・提供など)やIDのライフサイクル管理を支援する機能(特権管理・オンボーディング・オフボーディング・IDの停止や削除などの操作の統制など)、「認証」「認可」に相当する、各種認証プロトコルやフェデレーション関連プロトコルへの対応、「アカウンティング」に相当する、各種証跡の記録保存、デジタルフォレンジックなどで、オンプレミスのID管理製品ではなかった(あるいは重視されていなかった)フェデレーションのためのユーザプロビジョニングやSSOプロトコルへの対応、オンプレミス型のID管理製品とのディレクトリ連携機能がIDaaSの特徴といえます。

主要な製品･ソリューションとしては、やはりAzure Active Directory(AAD)が挙げられます。オンプレミスのActive Directory(AD)を利用するユーザー企業が、IDaaSの移行先、もしくは併用を考えた場合に最初に候補にあがる選択肢です。一定以上の規模の企業であればIDに関する情報資産は膨大であり、一足飛びにすべてをクラウドベースに置き換えるというのは困難です。製品の機能や品質そのものと同等以上に、現行のID管理製品との親和性や移行容易性が求められます。

OktaやOneLogin、Ping Identityなど、他の有力なIDaaSも、フェデレーション機能や既存のID管理製品との柔軟な連携を謳っています。

◆特権ID管理(Privileged Access Management = PAM)

特権IDとは、システムに関するすべての操作権限を持ったアカウントのことで、WindowsであればAdministrator、UNIX/Linuxであればrootに相当します。特権IDは権限が強く悪用されると危険なため、セキュリティガイドラインによってはAdministratorやrootアカウントを無効化することを指示しているものもあります。

Administratorやrootアカウントの危険性は、権限が強いこと以上に、共有アカウントであることです。小規模なシステムであれば管理者が1人しかおらず、すべての操作を1人で行っており、Administratorアカウントが管理者の個人アカウントと実質同じ、というケースもあるかもしれませんが、この場合もAdministratorアカウントで操作をしていたのが管理者本人であることを明確に示す方法がありません。ましてや通常は複数人で管理者の役割を担当するので、そのうちの誰が該当の操作をしたのか特定できないのは、情報セキュリティにおける重要な原則「否認防止」に反します。

また、同一のアカウントを複数人で共有すると、パスワードを何らかの手段で共有しなければならないため、漏洩のリスクが高くなります。

特権ID管理では、誰が、いつ、なんのために(作業対象範囲)システム変更作業を行うのかを申告した上で、承認の得られた作業だけを実施できるよう、個人ユーザーへ権限を割り当てます(Just In Time = JIT)。事前申請ベースで権限を割り当てたり、作業用特権IDを払い出す仕組みはこれまでもアナログなプロセスや独自の作り込みで実施していた環境もあると思いますが、ID管理ソフトに統合されたPAMでは申請/承認フローの自動化や権限の自動消し込みなどにより、手続き工数の削減や確実性を向上させることができます。

特権ID管理を謳う製品は上記に挙げたような個人ユーザーにJITで権限を与えるという第一原理的なもののほかに、代理アクセスを行うゲートウェイタイプもあります。ゲートウェイから管理対象に対してはビルトインの特権ID(rootなど)で代理アクセスを行うため、機器上のログではユーザーの区別が付かない、ゲートウェイと管理対象の間のユーザー検証をバイパスしており、暗黙的に安全である前提をおいているなど、ゼロトラストアーキテクチャの実装として優れているとはいえません。しかし、管理対象機器によってはJITが利用できないものもあるため、それでもすべての機器を特権ID管理の対象としたい場合にはゲートウェイ型が必要となってきます。

◆ IDガバナンスとID管理(Identity Governance and Administration = IGA)

IDガバナンスとID管理を合わせてIGA(Identity Governance and Administration)と呼びます。

IDガバナンスとは、ID管理が適切に行われていることを確認し保証する仕組みです。具体的にいえば、ユーザー属性情報やユーザーの持っているアクセス権限・対象を可視化し、その正確性や妥当性を検証できるようにすることといえます。

退職したユーザーのアカウントがいつまでも有効なまま残っているのは適切な状態ではないので、人事システムと連携して退職者のアカウントを自動的に無効化・削除する機能があれば、適切な状態を保つことができます。

IAM製品にID管理機能と合わせてIDガバナンス支援機能も統合されていることが多いですが、IDガバナンスの要素としては下表のようなものが挙げられます。

●IDガバナンスの要素

要素	説明
SoD(職務分掌)	重要な一連の操作を1人のユーザーで完結できないように、複数の人間に分割して割り当てる
アクセス権のレビュー	ユーザーに割り当てられている(割り当てられる)アクセス権が妥当であるかの検証を行う
RBAC(Role Based Access Control)	業務の実行に必要な権限のみを定義したロールをユーザーに割り当てる
ログ・分析・レポート作成	監査ログの保存、ログ分析によるリスク評価、各種ガイドラインなどへのコンプライアンスレポートの作成などを行う

認証方式

ITシステムにおける認証とは、原則的にユーザーが本人であることを証明する手続きのことです。本人であることを証明するために提示するアイデンティティ情報をクレデンシャルと呼びます。クレデンシャルのタイプによって、認証は下表のように分類されます。

●認証の分類

認証の種類	要素
Something You Know Authentication	知識要素(ユーザーのみが知っていること)による認証。パスワードやPIN、スワイプパターンなど
Something You Have Authentication	所有者要素(ユーザーが持っているもの)による認証。磁気カードやハードトークン、スマートフォンで生成されるソフトトークン
Something You Are/Do Authentication	生体認証要素(ユーザーの身体的特徴や行動的特徴)による認証。指紋や網膜、歩き方など

従来は知識要素のみによる、ID/パスワード認証が主流でしたが、近年は上記の認証要素から複数を組み合わせる多要素認証(Multi-Factor Authentication = MFA)が普及しています。

COLUMN

その他の属性による認証

前ページに挙げた3つの認証要素のほかに、認証に使用されるエンティティの属性として下表のようなものがあります。

●そのほかの認証

認証の種類	要素
Somewhere You Are Authentication	場所に基づく認証(例：GPS情報やグローバルIP)
Something You Can Do Authentication	行動的特徴による認証(例：歩き方やスマートフォンの持ち方など)
Something You Exhibit Authentication	提示するものによる認証(例：アプリや検索エンジンの使用履歴を機械学習分析し行動パターンをマッチング)
Someone You Know Authentication	知っている人による認証(例：既存ユーザーによって証明する(= web of trustモデル))

これらはエンティティを一意に識別できない可能性があるため、多くの場合は単体ではなく、補助的に認証に使用されます(認証属性)。たとえば、一度、ID/パスワードによる認証が完了してアクセス権を付与した後でも、歩き方が正規ユーザーのパターンと異なることを検知した場合、再認証を求める、などです(ただし、歩き方についてはかなり確実に個人を識別可能になっているため、生体認証要素として説明される場合もあります)。

認可ポリシー

従来のアクセス制御では、ユーザー本人であることが認証できれば、そのままリソースへのアクセス権を与えることが多く行われてきました(その他の要素も検証した上でアクセスを許可する仕組みも存在はしていますが)。

しかし本来、リソースへのアクセスをしたユーザーが間違いなく本人であることを認証することと、リソースへのアクセス可否、あるいはアクセス可能範囲や権限レベルを決定する認可は別のものです。

ゼロトラストアーキテクチャにおいては、どのユーザーにどのようなアクセス権限を与えるかという認可ポリシーを明示的に定め、しかもそれが動的に変化しうる前提で運用することが求められており、また大きな特徴です。

CHAPTER 03で示したゼロトラストアーキテクチャのフレームワークモデルにおいて、認可の可否を判断するのはポリシーエンジン(PE)です。アクセスリクエストのリスク評価を行い、リスクスコアをPEへ認可可否の判断材料として渡すのがトラストエンジンです。

トラストエンジンは「トラスト」と呼ばれるリスク評価の要素からリスクスコアを算出しますが、どのようなトラストを使用して、どのようにリスクスコアを算出するかが重要で、これはトラストアルゴリズムと呼ばれます。

トラストエンジンの機能は通常ポリシーエンジンと統合されIAMなどに組み込まれているため、製品やソリューション単位で区別して語ることは困難ですが、概念としては重要です。

トラストアルゴリズムは詰まるところその組織では何をもってどの程度、信頼できる、安全であると見なすのかの方針を表しており、アクセスポリシーの本質といっても過言ではありません。

リスク評価の元となるトラストの例としては、ユーザー自身の属性、アクセス時間や場所、使用しているデバイスやその状態、アクセスをリクエストしている対象が何であるか、など多岐に渡ります。これらの要素をすべて人間が確認して評価することは困難なため、あらかじめ定義したモデルに基づいて機械的にスコアを算出します。スコアの算出に用いるモデルの生成に機械学習を活用する場合もあります。

注意が必要なのは、環境や時代によってこのスコアモデルは見直しが必要だということです。たとえば、昔であれば社外からWi-Fi経由で接続してくる端末のリクエストは高リスクと判断されるようにモデルを作っていたかもしれませんが、リモートワークが当たり前になった時代においてはそこまで高くする必要はないかもしれません。場当たり的に調整を繰り返した結果、整合性が取れなくなっていないか(指定したOS以外からのアクセスの方が、社外からのアクセスよりも大幅にリスクを低く見積もられているなど)の確認も必要です。

パスワード認証

ユーザー名とパスワードによる認証は最もよく使用される認証方式ですが、ユーザー名やパスワード(やそのハッシュ)をクラックする攻撃が広く知られており、理論上は十分な試行回数があれば破られてしまいます。

パスワードに関連する代表的な攻撃として、下表のようなものがあります。

◉パスワードに関連する代表的な攻撃

攻撃	説明
パスワードリスト攻撃	ダークウェブなどで流通する漏洩したログイン情報のリストを用いてログインしようとする攻撃
パスワードスプレー攻撃	多数のユーザーアカウントに同じパスワード(よく使用されるパスワードや漏洩したパスワード)でログインを試みる攻撃
ブルートフォース攻撃	理論的に考えられるすべてのパターンを総当たりで計算してマッチングする攻撃
レインボーテーブル攻撃	あらかじめ平文候補とそのハッシュ値を計算しておき、短時間でマッチングが行えるようにした攻撃
フィッシング攻撃	標的を騙して誘導したサイトに情報を入力させ、パスワードを詐取する攻撃

ゼロトラストアーキテクチャの原則的な概念は「信頼しない」「常に検証する」であり、たとえ(ユーザー名とパスワードが侵害された結果)攻撃者が正規のIDとパスワードを使用していたとしてもそれを検知できることが望ましいため、前述したようなパスワード以外の要素で追加認証を行ったり、クレデンシャルが提示された時点で、ダークウェブなどに漏洩している侵害済みのユーザーIDやパスワードのリストを検証することなどが推奨されています。

多要素認証(Multi-Factor Authentication = MFA)

前述の通り、複数の異なる認証要素を組み合わせることでセキュリティ強度を高める多要素認証の利用が推し進められています。多要素認証では、IDとパスワードによる知識要素認証のほかに、所有者要素認証を組み合わせることが一般的です。

現在普及している多要素認証の実装としては、SMS、自動音声、メール、認証アプリケーションを用いたプッシュ通知やコード入力があります。これらはいずれも「Something You Have Authentication」を利用しており、SMSが受信可能な携帯電話を所持していることや認証アプリケーションに認証キーが保存されてソフトウェアトークンを生成可能なスマートフォンを所持していることが所有者要素として利用されています(ただし、該当の携帯電話やスマートフォンを所持していない人間が、コードを入力する前に窃取することも可能なため、これらは厳密には知識要素認証であり、他要素認証ではなく二段階認証であるという主張もあります)。

そのほかの所有者要素としては、ハードウェアトークンやスマートカードなどのOTP(One-Time Password)を生成するデバイスが使用されます。

◆ セキュリティトークン

OTPを生成するデバイスは一般にセキュリティートークンと呼ばれます。セキュリティトークンを所有していること、すなわちOTPを生成できることが所有者要素として認証に使用されます。

近年使用されているOTPの多くは時間ベースのTOTP(Time-based One-Time Password、RFC6238)[6]です。TOTPはOTPを生成する際の可変値に時刻を使用し、タイムステップ(有効期間)が過ぎると使用できなくなるため、有効期限のないHOTP(HMAC-Based One-Time Password Algorithm、RFC4226)[7]など、従来のOTPよりもセキュアといえます。

OTPの生成アルゴリズムはOATH(Initiative for Open AuTHentication)[8]が業界標準となっていますが、ベンダー独自の特許技術を実装しているものもあります。

---

[6]:RFC6238 TOTP: Time-Based One-Time Password Algorithm(https://www.rfc-editor.org/rfc/rfc6238)
[7]:RFC4226 HOTP: An HMAC-Based One-Time Password Algorithm(https://www.rfc-editor.org/rfc/rfc4226)
[8]:OATH Specifications(https://openauthentication.org/specifications-technical-resources/)

OTPはソフトウェアで生成するタイプとハードウェアデバイスを使用する場合の両方が存在します。ハードウェアタイプのセキュリティトークンの例として、RSA社のSecure IDや、VeriSign社のVIPセキュリティトークンなどが挙げられます。電池式の非接触型はUSB鍵タイプに比べて寿命が短いなどの違いはあるものの、常に本来のユーザーが身に着けつけているか、紛失や他のユーザーが操作するリスクが低いかという観点で選択するとよいでしょう。

これまでは、財布に入るカード型やキーチェーンにつなげる小型のハードウェアトークンがインターネットバンキングなどで広く使用されてきましたが、近年はスマートフォンをほとんどの人が持ち歩いているため、スマートフォンへインストールするソフトウェアの形式がユーザー利便性の観点では優れています。

OTPのデメリットとしては、デバイスとサーバーの間で共有鍵を保持する必要があるため、共有鍵が読み取られたり紛失したりするリスクへの対策が必要になることです。

通常、ハードウェアトークンやスマートカードは耐タンパー性を備えていますが、スマートフォンなどのモバイルデバイスはその限りではないので、特に紛失に注意が必要です。TPM(Trusted Platform Module)を備えているデバイスであればTPMへ共有鍵を格納して暗号化保護をすることで、他人に共有鍵を読み取られるリスクは低減できますが、共有鍵の再発行が必要になる点は変わりません。

そこで、物理的に盗むことができない生体情報を組み合わせるFIDO(Fast Identity Online)が注目を集めており、これからのパスワードレス認証の標準になると目されています。

◆ 生体認証

認証に用いられる生体情報は、前述の通り、指紋や虹彩、顔や歩き方などの、ユーザーの身体的特徴や行動パターンがあります。これらはパスワードなどと違い、一致／不一致の二値では判定できず、パターンの一致度が閾値以上であれば一致と見なすため、誤判定の可能性を完全には排除できません。

生体認証のようなパターン一致判定においては、次ページの表のメトリックが重要になります。

◉生体認証のメトリック

メトリック	説明
FRR(False Rejection Rate)	偽陽性(本来は認証されるべきものが拒否される)の確率
FAR(False Acceptance Rate)	偽陰性(本来は拒否されるべきものが認証される)の確率
CER(Crossover Error Rate)	FRRとFARが一致する点

FRRもFARも誤判定の確率なので低いほうが望ましいですが、一般的にはFRRを下げようと判定基準を緩くするとFARが高くなり、FARを下げようと判定を厳しくするとFRRが高くなるトレードオフがあります。CERが低いということはFRRとFAR双方を低く抑え、バランスが取れた閾値を設定できるということですので、その技術の有効性と信頼性が高いことを表しています。

このような一致判定を行うために、当然ですがまずは生体情報を登録する必要があります。すなわち、認証システム上にユーザーの生体情報を保存しておく必要があるということです。生体情報は重大なプライバシー情報でもあるので、ユーザー側に忌避感がある場合もありますし、万が一保管していた情報が漏洩した場合の影響も大きいため管理する側の負担も大きくなる点に注意が必要です。

特に、指紋や虹彩に比べて顔認証はユーザーの忌避感が大きいといわれています。顔認証用の情報があれば、街頭カメラなどから行動を追跡することができてしまうからです。

また、生体情報は本人しか提示できないと認識されがちですが、たとえば指紋などは比較的容易に他人がコピーを入手できてしまいますし、逆に、眼帯や帽子などで顔情報の精度が下がる、手袋や怪我で指紋が読み取れないなど、本人でも提示できないケースがあります。

こうした理由から、生体認証はデバイスロックの解除などに補助的に用いるほか、バックアップの認証方法と合わせて使用したり、認証方式ごとに信用度スコアで重み付けをしてユーザーの正当性の計算に使用されます。

MFA環境への攻撃

MFA設定によりアカウントは99.9%以上侵害されにくくなるといわれていますが[9]、MFA環境への攻撃が不可能なわけではありません。

MFA環境への攻撃として、Pass-the-Cookie攻撃が知られています。Pass-the-Cookie攻撃は、何らかのマルウェアを仕込んだり、AitM(Adversary-in-the-Middle)攻撃により、認証済みのセッション情報を保持するCookieを窃取することで、攻撃者がIDやパスワードを知らなくても窃取したCookieを利用するだけで認証済みのセッションへ接続できてしまう攻撃です。

AitMはリバースプロキシのような形で正規サイトの前段に攻撃用サーバーを配置してフィッシングメールなどでユーザーにアクセスさせ、OTPなどのコードを正規サイトに中継することで認証済みCookieを受信する攻撃方法です。

ユーザーが攻撃者のサーバーのドメインが正規のものでないことに気付くか、パスワードレス認証を使用することで(端末が侵害されない限り)回避できますが、セッションCookieに認証状態が含まれている限りは根本的解決にはならなそうです。

もう1つは原始的ですが有効な方法で、MFA Fatigueと呼ばれる攻撃です。攻撃者がアクセス試行したサイトでMFAが有効になっていると、ユーザーの端末のMFAアプリケーションにプッシュ通知が送られますが、これを高頻度で行うというものです。

通常時であればユーザーは身に覚えのない承認を求めるプッシュ通知を拒否しますが、高頻度で送られると疲弊して判断能力が鈍ります。本人が実施した他の用途での認証発生タイミングと重なったりすれば、勘違いして許可してしまう可能性が十分にあります。

昨年(2022年)話題になった攻撃として、プリハイジャック攻撃というものもあります。

[9]：Your Pa$$word doesn't matter - Microsoft Community Hub(https://techcommunity.microsoft.com/t5/microsoft-entra-azure-ad-blog/your-pa-word-doesn-t-matter/ba-p/731984)

これは、あらかじめ対象ユーザーのメールアドレスを取得している攻撃者が、ユーザーがこれからユーザー登録しそうなサービスにあらかじめアカウントを作成してログインしておき、後からアカウント登録しようとしてメールアドレスが登録済みであることに気付いたユーザーが、パスワードを忘れていると勘違いしてパスワードリセットを行い、サービスを利用し始めると、セッションがリセットされずログインしたままの攻撃者が変更後のパスワードを含めた各種アカウント情報などを閲覧できてしまうというものです。

この攻撃はMFAをハックするものではありませんが、アカウント登録してMFAを有効化する前に乗っ取りが完了してしまうため、MFA環境へも有効です。

パスワードレス認証

パスワード認証への機械的な攻撃への対応としてパスワードポリシーが厳格化された結果、多数のサービスで使用する無数の複雑なパスワードをユーザーが管理しきれなくなりつつあります。長く複雑なパスワードを強制しても、依然としてID·パスワードの漏えい、なりすまし被害が減らないのは、ユーザーが推測の容易な文字列を使用してしまう、複数のサービスで同じパスワードを使い回してしまう、パスワードを紙などにメモした上、他人の目に付く方法で管理してしまうなどが主な原因です。

パスワードマネージメントソフトウェア／サービスを使用することで前述の原因の一部は解消できますが、認証通信中やサーバーに保存された認証情報を摂取されてしまうリスクはなくなりません。

そこで、そもそもパスワードをやり取りせず、なりすましを排除しやすいFIDO(Fast IDentity Online)という認証技術が普及しつつあります。

◆FIDO(Fast IDentity Online)

FIDO[10]は業界団体であるFIDO Allianceによって標準化が推進されている、公開鍵暗号方式を用いた認証技術で、現在の最新バージョンはFIDO2です。

FIDO2はW3Cの認証仕様であるWebAuthn(Web Authentication)とFIDOアライアンスのCTAP(Client To Authenticator Protocol)から構成されます。

[10]：FIDO2 Specification(https://fidoalliance.org/specifications/download/)

●FIDO2の構成要素

構成要素	説明
WebAuthn	端末とFIDO サーバー間のWebアプリケーションのやり取りを規定する
CTAP	クライアントと認証器(Authenticator)の間の通信を定める

ここで、クライアントはブラウザなどの認証要求を行うアプリケーションを指し、認証器は認証情報を保持して実際に認証を行うコンポーネントを指します。認証器はPCやモバイル端末のデバイス内部に存在するものとFIDO2対応セキュリティトークンのような外部認証器いずれを使用することも可能です。

●FIDO2を構成するコンポーネント

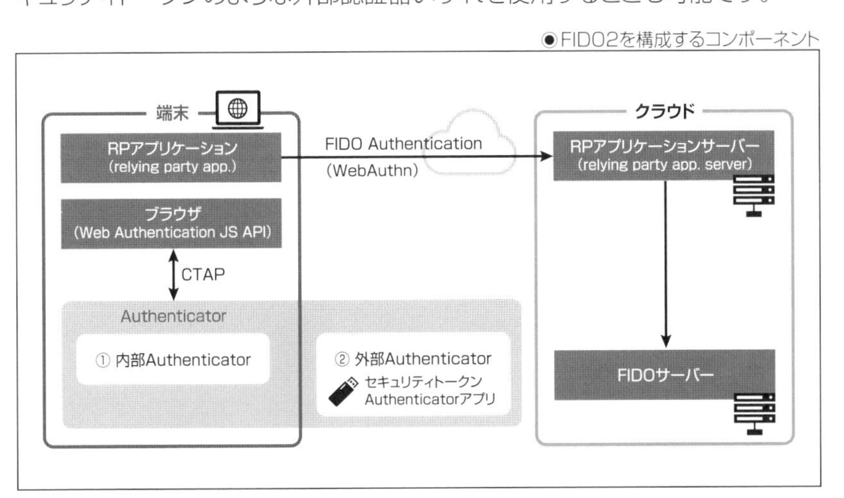

サービス利用登録時にユーザーの端末側で新規にキーペアを生成し、公開鍵をサービス提供サーバーへ保存し、秘密鍵をユーザー端末内部に保管します。サーバー側から送られたチャレンジを秘密鍵で署名して返すと、サーバーは公開鍵を用いて対応する秘密鍵で署名されている(= 利用登録を行った正規のユーザーである)ことが検証できるため、認証完了となります。

生体情報やセキュリティトークンはサーバーとの認証情報のやり取りには使用せず、認証器内部に保管された秘密鍵のロックを解除するために使用します。ロック解除には、指紋、音声、PINの入力、セキュリティトークンの挿入、承認ボタンのクリック/タップなど、さまざまな方式を利用可能です。ここでは認証器を直接(かつ簡便に)操作できることが重要であり、PINなどを長く複雑にする必要はありません。むしろ、長いPIN入力により利便性を損なったり、逆に長いPIN入力が頻繁に発生しないように認証トークンを長時間使い回したりすることのほうが問題です。

◉FIDOの署名検証の仕組み

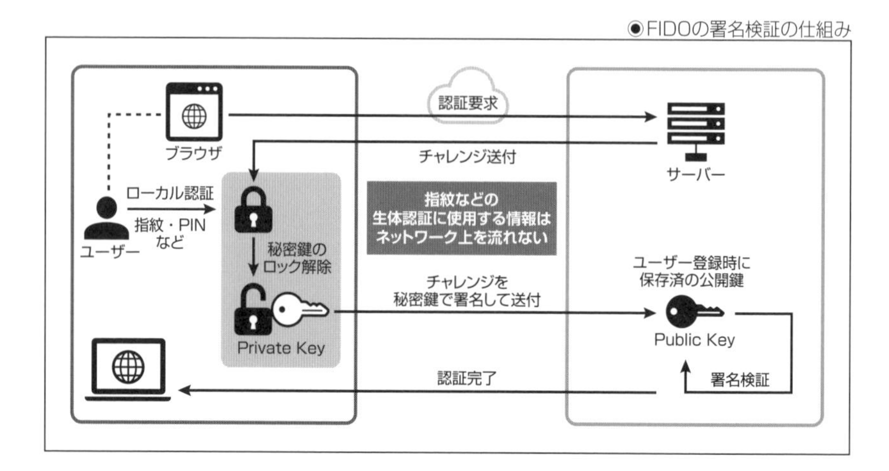

FIDO2の特徴・メリットとしては、下表が挙げられます。

◉FIDO2の特徴・メリット

特徴・メリット	説明
セキュリティ	暗号化ログインクレデンシャルはユーザデバイス以外の場所に保管されることはなく、フィッシングやパスワード窃取、リプレイ攻撃のリスクを排除可能
利便性	ログインクレデンシャルの暗号化解除には、ユーザー利便性の高いデバイス標準の指紋認証やFIDOセキュリティトークンなどを使用可能
プライバシー	暗号鍵はサイトごとに独立なので、サービスをまたがってトラッキングされることはなく、また指紋などの生体情報をサイト側が読み取ることもない
拡張性	JavaScript APIによって簡単にFIDO2対応のサイトを構築することができる

SSO(Single Sign On)

クラウド利用拡大に伴い、多くの企業では多数のクラウドSaaSサービスを同時に活用されていることでしょう。しかし、それらすべてのSaaSごとにユーザーを作成して使用していると管理が煩雑になり、その結果としてパスワード情報が漏洩するなどの事故につながりやすくなります。

また、サービス提供側のSaaSベンダーにとっても、ユーザーの認証情報は漏洩しないよう厳重に管理しなければならないため、むやみに保持したくはないデータです。

特定のシステムで作成・管理されているアカウントを別のサービスでも使用できるようにすることで、上記の課題を解決するSSOが実現します。たとえばGoogleアカウントでTwitterにSSOログインする場合、Twitterはアカウントの発行元としてのGoogleを信頼する必要があります。この信頼関係をフェデレーション(Federation)と呼びます。

フェデレーションの概念自体は古くから存在しており、オンプレミスのWindows Active Directory(AD)環境では、複数のサービス間でKerberos認証トークンを受け渡して認証連携を行っていたことをご存知の方も多いでしょう。

SSOの実現方式はフェデレーションだけではありませんが、ゼロトラストアーキテクチャにおいてはWebアプリケーションのフェデレーションの仕組みが不可欠なので、特にこれらに関連する技術について解説します。

◆SAML(Security Assertion Markup Language)2.0

Webアプリケーション環境でのフェデレーションの代表的な仕様にSAMLがあります。SAML2.0[11]は2005年にOASIS標準として承認されました。

SAMLではIdP(Identity Provider)、SP(Service Provider)、ユーザーの三者間で認証連携を行うための認証情報や属性、権限などの情報をXMLフォーマットで記述されたアサーション(Assertion)と呼ばれるメッセージでやり取りします。通信はHTTP/TLSとSOAP(Simple Object Access Protocol)を利用します。

IdPはアイデンティティ情報を管理し、アサーションを発行するサービスを指します。SPはユーザーがアクセス要求を行うリソースやサービスで、IdPを信頼し、IdPの認証情報をもとにユーザーに対してサービスへのアクセス権限を与えます。厳密にはクライアントであるブラウザとクレデンシャルを提供する主体としてのユーザーは別のものですが、ここではまとめてユーザーと記載します。

IdPとSPは鍵交換によってお互いの信頼関係を確立します。SPへユーザーがアクセス要求を行うとSPはユーザーへIdPへのリダイレクトを返し、IdPがユーザーを認証すると認証情報や必要な属性情報にIdPの秘密鍵で署名して返します。これがアサーションです。ユーザーがSPへアサーションを提示すると、SPはIdPの公開鍵を持っているため、これによりユーザーの提示したアサーションの内容が確かに信頼するIdPにより発行されたものであることが検証できるわけです。

[11]:SAML2.0(http://docs.oasis-open.org/security/saml/Post2.0/sstc-saml-tech-overview-2.0.html)

これらを図で表すと次のようになります。

◉SAML2.0での認証連携の概要

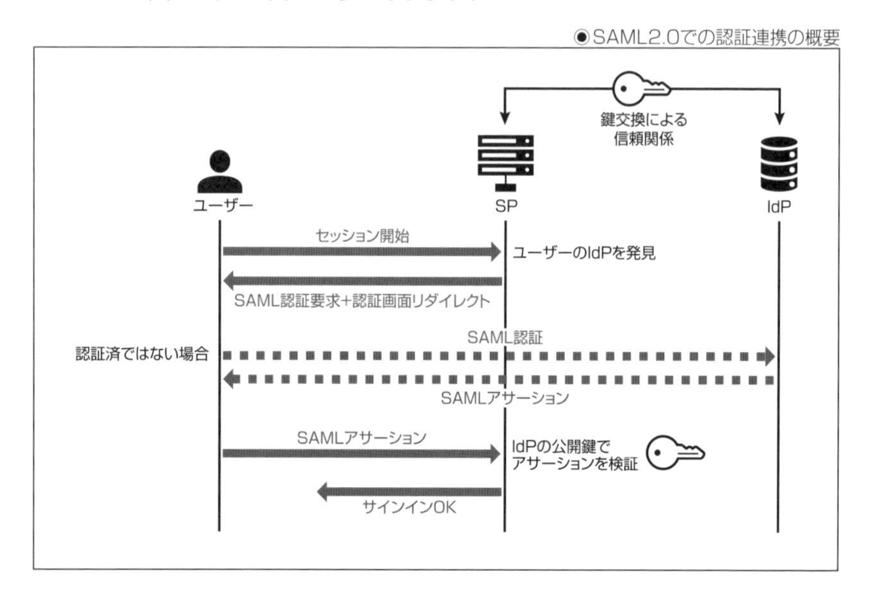

ここではSP-initiatedと呼ばれる方式を紹介しましたが、ユーザーが最初にSPではなくIdPに接続して開始されるIdP-initiatedという方式も存在します。リダイレクトの順番が異なるだけで、IdPが発行したSAMLアサーションを受け渡して認証連携することやIdPとSPが鍵交換により信頼関係を確立する点などは共通です。

◆SCIM(System for Cross-domain Identity Management)

SCIM[12][13][14]は異なるドメイン間でアイデンティティ情報の整合性をとるための規格で、IdP側で行ったユーザーIDの変更が、SCIMプロトコルにしたがって自動的にSP側に同期されます。

このようなプロビジョニングプロトコルとしてはほかにSPML(Service Provisioning Markup Language)やITML(Information Technology Markup Language)、WS-Provisioningなどがありますが、現在では標準化を進めたSCIMが多くのID管理製品に採用されています。

[12]：RFC7642 System for Cross-domain Identity Management: Definitions, Overview, Concepts, and Requirements(http://www.rfc-editor.org/rfc/rfc7642.txt)
[13]：RFC7643 System for Cross-domain Identity Management: Core Schema(http://www.rfc-editor.org/rfc/rfc7643.txt)
[14]：RFC7644 System for Cross-domain Identity Management: Protocol(http://www.rfc-editor.org/rfc/rfc7644.txt)

SAMLの項で述べたとおり、SPはユーザーから提示されたIdP発行のアサーションに基づいて自らのサービスへのアクセス権を与えますが、アサーションに含まれる属性情報の構成を知らなければどのような権限を与えればよいか決定できません。あらかじめ「このアカウントが認証済みトークンを持ってきたらこれだけの権限を与える」「『所属部門』属性がAであればファイルへの読み取り権限のみを与える」などの認証情報・属性情報と権限の紐付けを持っておく必要があり、そもそもIdP側に「所属部門」の属性が存在しなければ成立しません。

SCIMはこうした認証情報・属性情報の連携をIdPとSP間で行うための仕組みです。IdPとSPでこれらの情報を同期することにより、退職などによりIdP側では削除済みのアカウントがSP側で残り続けることもないため、放置アカウントを悪用した不正アクセスのリスクも避けられます。

SCIMはあくまで属性情報の連携を行うためのプロトコルであり、認証や認可の機能は持たないことに注意してください。通常、例に挙げたSAMLやOAuth2.0などと組み合わせて使用します。仕様上はSCIMを使用する際の認証プロトコルはOAuth2.0を推奨すると記載されており、近年では認証・認可をOAuth2.0で実装するケースが増えています。

◆ OAuth2.0

OAuth2.0はRFC6749にて標準化されています[15]。RFC6749では、OAuth2.0は「サードパーティーアプリケーションによるHTTPサービスへの限定的なアクセスを可能にする認可フレームワークである」と記載されています。つまりOAuth2.0もSSOを可能にするための技術の1つですが、「認可フレームワークである」という部分に注目してください。

SCIMの説明ではSCIM使用時の認証および認可はOAuth2.0で実装するのが推奨と記載しましたが、実はOAuth2.0には認証に関する記述はありません。にもかかわらず、OAuth2.0を使用したSSOが多く稼働しているのは、(ユーザーID情報を含む)ユーザーの属性情報を返すProfile APIをIdPが独自実装して、OAuth2.0の認可を認証として利用しているからです。

[15]：The OAuth 2.0 Authorization Framework(RFC6749)(https://www.rfc-editor.org/rfc/rfc6749)。翻訳版はhttps://openid-foundation-japan.github.io/rfc6749.ja.html

OAuth2.0を認証プロトコルとして使用する方式には中間者攻撃により第三者がアクセストークンを窃取し使用できてしまう問題がある点に注意してください。ただし、これを防ぐため、アクセストークンの送信元を検証するPKCE(Proof Key for Code Exchange)[16]というOAuth2.0の拡張仕様があります。

OAuth2.0に欠けていた認証の部品にID Tokenの仕組みを統合して整備されたのが、次に説明するOIDC(OpenID connect)です。

なお、認証アルゴリズムとして前項で言及したOATHとは無関係なのでこちらも混同しないよう注意が必要です。

◉OAuth2.0の認可フローとProfile APIによる認証

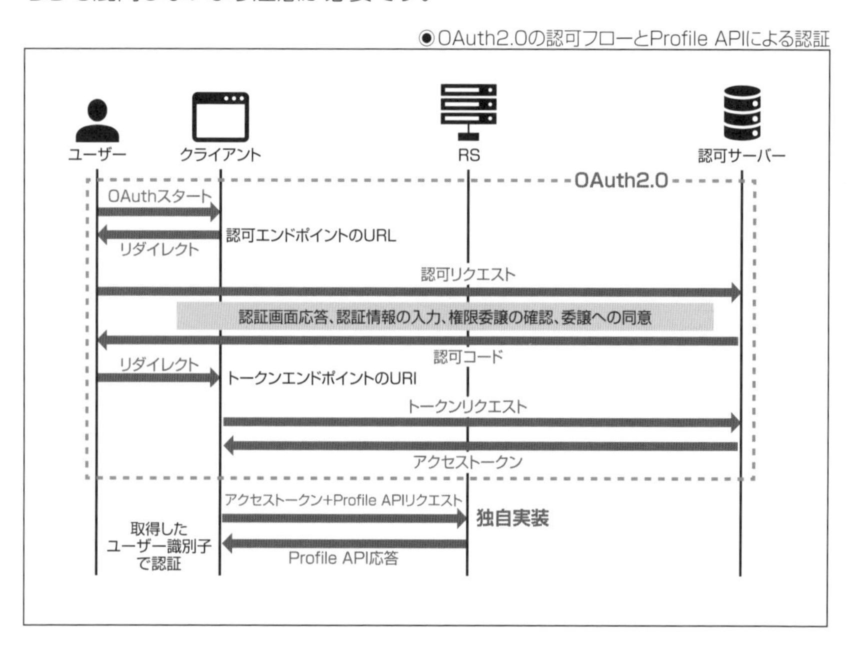

◆ OIDC(OpenID Connect)

OIDC[17]はOAuth2.0を使用して構築されたフェデレーションのためのオープンスタンダードです。前述の通り、OAuth2.0の認可フロー(アクセストークン発行フロー)をそのまま用いて認証にも利用する方式には脆弱性がありました。OIDCではアクセストークンの発行時にID Tokenを併せて送付し、そのID Tokenを検証することで認証を行います。

[16]：RFC 7636: Proof Key for Code Exchange by OAuth Public Clients(https://www.rfc-editor.org/rfc/rfc7636)。翻訳版はhttps://tex2e.github.io/rfc-translater/html/rfc7636.html
[17]：OpenID connect(https://openid.net/connect/)。翻訳版はhttp://openid-foundation-japan.github.io/openid-connect-core-1_0.ja.html

●OIDCによる認可フロー

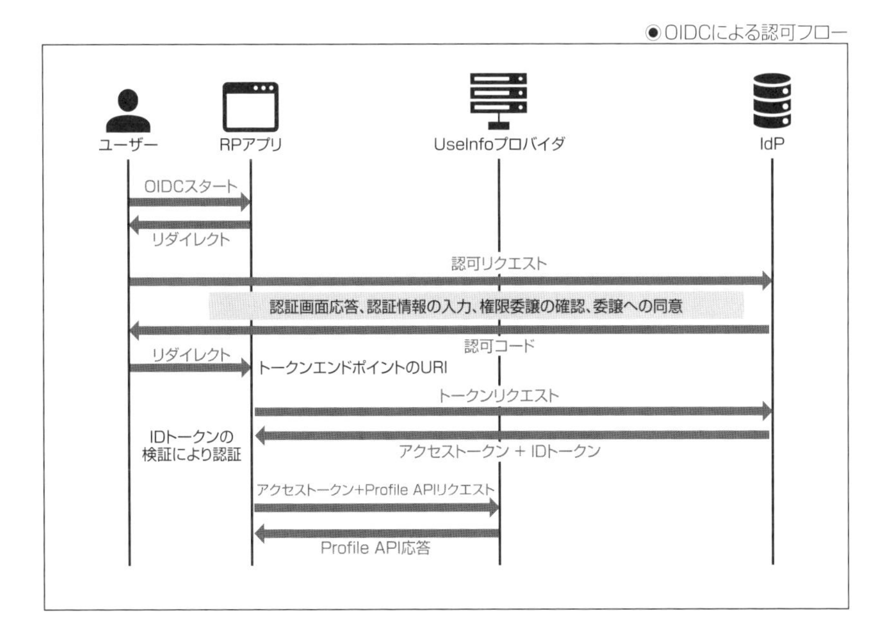

●SAML／OAuth2.0／OIDCの比較

	SAML2.0	OAuth2.0	OIDC
被認証／認可者	プリンシパル／サブジェクト	リソースオーナー	エンドユーザー
操作端末のブラウザやアプリ（Relying Party = RP）	―	クライアント	リライイングパーティ
セキュリティトークン発行元	IDプロバイダ（IdP）	認可サーバー	IDプロバイダ（IdP）／OIDCプロバイダ（OP）
サービスの提供元	サービスプロバイダ（SP）	リソースサーバー（RS）	UserInfoエンドポイント
扱うセキュリティトークン	アサーション	アクセストークン	アクセストークン＋IDトークン
メッセージング形式	XML / SOAP	JSON / REST	JSON / REST

◆オンプレミスAD（Active Directory）とAzureの統合

ここまでSaaSサービスのSSO関連プロトコルについて説明してきましたが、現実的な課題として、まだ認証基盤をAzureなどのIDaaSに移行しきれておらず、オンプレミスのADが残っているという環境も多いと思われます。

オンプレミスのADを残しつつAzureの機能も使用したいという場合にAzure AD connectを使用すると、オンプレミスADとAzure AD両方の環境へ共通のハイブリッドIDでアクセスできるようになります[18]。

[18]：Azure AD Connect:ユーザー サインイン - Microsoft Entra ¦ Microsoft Learn（https://learn.microsoft.com/ja-jp/azure/active-directory/hybrid/plan-connect-user-signin）

Azure AD connectを使用してオンプレミスADとAzure ADのID情報を同期する方法として、次の3つがあります。

- パスワードハッシュ同期(Password Hash Sync = PHS)
- パススルー認証(Pass-Through Authentication = PTA)
- フェデレーション

パスワードハッシュ同期はオンプレミスのパスワード情報のハッシュだけをAzureへ送信し、Azure側でユーザーから入力されたパスワードのハッシュ値と比較して検証する方法です。Azure ADをメインで使用している場合の、最も簡便に導入可能な方式となります。

パススルー認証は認証リクエストを受け取ったAzure ADがオンプレミスADに認証をパススルーします。クレデンシャルの検証を行うのはあくまでオンプレミスADで、Azure ADは仲介役として振る舞うため、Azure AD上にクレデンシャル情報を保存する必要がありません。オンプレミスのパスワード要件(長さや文字種別など)を適用したい場合などに使用される方式です。

フェデレーションはAD FS(Active Directory Federation Service)を利用してオンプレミスADとAzure ADの間でフェデレーションを構成します。こちらも認証を行うのはオンプレミスAD側になります。

そのほか、Oktaなどの3rd partyのSSOソリューションを利用する方法もあります。

SECTION-17

デバイス

企業システムを利用するPCをはじめとした端末を管理し、健全性を維持することは重要な課題です。

紛失や盗難により業務PCが正規ユーザー以外の手に渡ると、PC内の業務データ、特に機密情報や個人情報が漏洩することにつながり、会社全体のリスクとなりますし、業務アプリケーションに接続されてしまいさらに被害が拡大する恐れもあります。

また、PCの脆弱性を放置したり、マルウェアを仕込まれることで、攻撃者が社内システムへ侵入するための踏み台にされてしまう危険もあります。

さらに、保護すべき正当な業務端末を把握していなければ、攻撃者の端末が社内ネットワークに接続しても気付くことができません。

一方で、業務に使用する端末のルールを厳格化すればするほど、ユーザーの利便性や業務効率は低下します。利便性や業務効率が著しく低下すると、ルールを無視するユーザーも増えるため、デバイスセキュリティと利便性・業務効率はいつもトレードオフに悩まされてきました。

デバイス管理

個人情報保護法が全面施行された2005年付近から、内部統制やIT統制、内部セキュリティという言葉が注目を集めはじめました。それ以前ももちろん端末の管理は重要でしたが、社員のPCから情報漏洩するといった不祥事への評価がより厳しくなり、より厳重に業務端末を管理することが求められるようになったためです。

当時は会社の端末を社外に持ち出すことを一切禁止されていたという方も多いのではないでしょうか。リムーバブルメディアの取り扱いにも厳しいルールが課されるようになりました。そのほかにもHDD暗号化のソリューションや、管理端末以外を社内ネットワークに接続できなくするネットワークアクセス制御のソリューションなども注目されました。

しかし、2010年ごろからスマートフォンの普及やアップル社製のラップトップが広く業務に使用されるようになるに伴い、業務端末の利用を厳格なルールで制限するだけではなく、ユーザーの利便性や業務効率を高める管理方式へと方針が変わってきました。

◆MDM(Mobile Device Management)／MAM(Mobile Application Management)／MCM(Mobile Contents Management)／EMM(Enterprise Mobility Management)

WindowsのデスクトップPCやラップトップのみを業務に使用していた時代は、Windows Active Directory(AD)でIT資産管理ができていましたが、スマートフォンやタブレット端末などのモバイルデバイスを業務に使用するようになると、ADでの管理だけでは不十分になってきました。

社給のフィーチャーフォンよりも私物のスマートフォンを業務に使いたいというBYOD(Bring Your Own Device)の需要の高まりを受けて、モバイルデバイスの資産管理を行うMDMが注目を集めました。

BYODのモバイルデバイスはプライベートでもさまざまなところへ持ち運ぶため、PC以上に紛失・盗難のリスクが高く、またフィーチャーフォンよりも汎用性が高いため、ユーザーが不正なアプリケーションをインストールしたり、ウイルスに感染する危険もあります。

このため、単にモバイルデバイスを企業のIT資産管理システムに登録して把握するだけではなく、インベントリを取得して不正なアプリケーションがインストールされていないことを確認したり、逆に業務に必要なアプリケーションを配布するなどの機能が求められています。また、万が一端末を紛失した場合、不正に使用されないようリモートからデータを削除するリモートワイプ機能も重要です。

初期のMDM製品ではBYOD機器を会社に登録すると会社用の構成をインストールする際にそれまでの個人データが削除されてしまうものもありましたが、現在はプロファイルを分けたりディスク領域を分割してプライベートデータと業務データが独立で管理されるようになっています。

プロファイルやディスクの分割までは行わず、アプリケーションの配布などの制御のみを行うソリューションはMAMと呼ばれます。さらに、コンテンツ(ドキュメントなどのファイル)のレベルでアクセス権限や機能の管理を行うものについてはMCMと呼ばれます。

現在ではこれらの機能を統合したEMM製品が一般的です。

◆UEM(Unified Endpoint Management)

モバイルデバイスの資産管理や統制のためにMDMが登場しましたが、PCやその他のIT資産と別々に管理するのは非効率です。さらに、アップル社製ラップトップなども広く使用されるようになり、ADでの管理の優位性が薄れてくると、モバイルと各種PCを一元的に管理できるソリューションが必要になりました。それがUEMです。もともとMDM製品と呼ばれていたものも、現在は多くがPCを取り扱えるUEMとなっています。

したがって、機能的にもUEMはMDMを包含しており、ハードウェア/ソフトウェア情報の収集と管理を行うIT資産管理機能はもちろん、リモートロックやリモートワイプ、自動設定(ポリシー管理)、アプリケーション管理/パッチやアップデートの管理などさまざまな機能を有しています。

IT資産管理に主眼を置いた製品と、MDMを拡張したタイプの製品とで多少カバーする機能が異なりますが、いずれの製品もOSがAPIを提供していない機能を制御することはできないため、大きな優劣はありません。

代表的な製品としてMicrosoft社のIntuneや、VMWare社のWorkspace ONE、Softbank社のビジネス・コンシェルなどの他に、iOS市場で存在感のあるJamfシリーズなどがあります。

企業で使用している端末のハードウェアやOSの種類をカバーしていることを確認し、すでに導入済みのセキュリティ製品や管理製品との連携や重複する機能をいずれで実現するかなどを検討の上、選定することをおすすめします。

●MDM/MAM/MCM/UEMの対象範囲

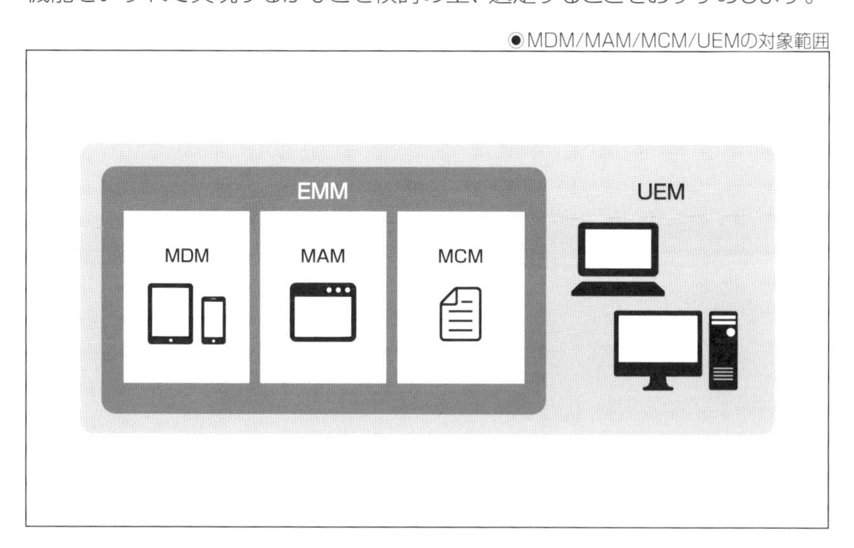

エンドポイント保護

エンドポイント保護とはPCやタブレット端末、スマートフォンなどの端末へのマルウェアの侵入を防いだり、攻撃者が攻撃を行えないようにするセキュリティソリューションを指します。

従来の構成では侵入検知やサンドボックス、URLフィルタリングなどのセキュリティ機能をデータセンターのインターネット境界に配置し、社内のすべての端末はそれらに守られていました。しかし、ゼロトラストアーキテクチャは境界セキュリティに依存しない構成なので、端末は端末上のエンドポイント保護機能により各種攻撃から端末自身を守る必要があります。

また、モバイル端末を社外で利用する、拠点からデータセンターを経由せず直接インターネットへ接続するLBO(Local Break Out)回線で利用するといったユースケースにおいても、端末がエンドポイント保護機能を備えていることは重要です。

◆EPP(Endpoint Protection Platform)

EPPはマルウェアによる攻撃を検知・駆除し、端末をマルウェアに感染させないようにするためのソリューションで、アンチウィルスソフトやウィルス対策ソフトと呼ばれているものと考えて差し支えありません。

一般的なアンチウィルスソフトでは、シグネチャというパターン定義ファイルとのパターンマッチによりウィルスを検出しています。シグネチャは一定期間ごとにアップデートされ、端末に最新のシグネチャがダウンロードされているように管理する必要があります。逆にいうと、まだシグネチャが作成されていない未知の攻撃、いわゆるゼロデイ攻撃には対応できないのがこのシグネチャタイプです。

機械学習を利用して、マルウェアのバイナリデータから特徴となるパターンを抽出する製品もあります。このような製品では、既知のマルウェアとして登録されていない亜種なども、抽出したパターンに一致すれば検知できるようになります。

シグネチャタイプでは、パターンファイルが大きくなったりスキャン対象のデータ領域が増えるに従い、処理に時間がかかったり、端末のリソースを圧迫する場合があり、スペックに余裕のある端末が必要になる点もデメリットの1つです。

そこで、NGAV(Next Generation Anti Virus)と呼ばれるEPPの一種では、シグネチャだけでなく、マルウェアの挙動から攻撃を検知しブロックします。以前からふるまい検知などと呼ばれていた機能が該当しますが、近年ではこれに機械学習や深層学習といったAIを組み合わせた製品が現れてきました。端末上のログや通信から定常状態を学習し、定常状態から外れた異常なふるまいを検知する機能はアノマリ検知と呼ばれています。

なかでも、深層学習を利用するタイプの製品では、さまざまな攻撃パターンや危険なファイルを分析し、数理モデル化します。バイナリパターンではなくこの数理モデルをインストールするため、ファイルサイズや実行処理能力の面でシグネチャ型よりも端末への負荷が少ないのがメリットの1つです。さらに、常に最新化する必要があるシグネチャと異なり、普遍性のあるモデルは過去に作成したものでも有効な可能性が十分にありますし、未知の攻撃も防御することができるといわれています。

ただし、ふるまい検知型では、マルウェアと似た動作をする正規のプログラムも検知してしまうため、誤検知が発生することを考慮に含めた運用設計が必要になります。

このように、AIを搭載したEPP製品は数多くありますが、どのようなタイプのAIを具体的にどのように利用しているのかは製品によって異なるので、採用製品を検討する際には十分に調査が必要です。

◆ EDR(Endpoint Detection and Response)

EDRは端末の操作ログを監視することでマルウェアの活動を検知し、デバイスの隔離など攻撃の被害を最小化するための対処を行う仕組みです。

たとえば、EPPで検知できなかったマルウェアがPCにインストールされてしまい、マルウェアがバックドアを作成しようとしたり、重要データを窃取(読み取りやコピー)しようとしていたり、C&C(Command & Control)サーバーと通信が発生している場合、それを検知し、管理者に通知するとともに、内容によっては自動的に対処します。

EDRの特徴として、端末上での活動や通信の監視を行うために、ディスクへの書き込みやネットワークインターフェースから情報を収集するエージェントをインストールする必要があります。

また、マルウェアの活動を検知しても、多くの場合、対応を決定する前後に状況を調査分析する必要があります。EDRの管理サーバーは攻撃者やマルウェアの侵入経路を調査したり、攻撃の原因となった潜在的な脅威を特定したりといった分析機能も合わせて備えていることが一般的です。

そのほかにも、前述のNGAVや後述のUEBA(User and Entity Behavior Analysis)の機能を包含する製品もあります。

EPPのマルウェアの侵入を防ぐ機能と、EDRの攻撃の発生を迅速に検知し活動を停止させ、被害を最小限に抑えるための機能をうまく組み合わせること、また運用体制や要員のケイパビリティと適合するかどうかの検討が重要です。高度な分析機能があっても、十分に分析できる要員が(スキル的に・人数的に)いなければメリットがありません。マネージドタイプのEDRサービス(MDR)を検討するのもよいでしょう。

●NGFW・EPP・EDRの防御ポイント

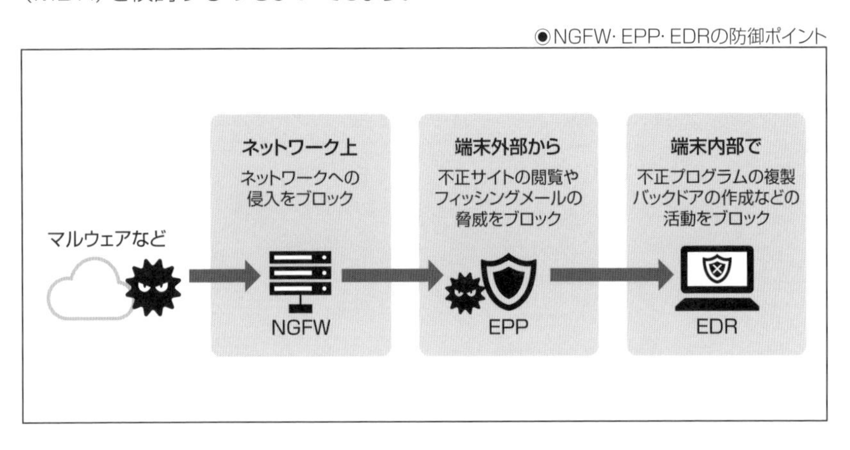

SECTION-18

ネットワーク

ゼロトラストアーキテクチャとは境界セキュリティからの脱却である、としばしば説明されますが、ネットワーク境界でアクセス制御を行うことそのものに問題があるわけではありません。

古典的な境界セキュリティの課題

古典的な境界セキュリティの課題は次のようなものです。

◆内部ネットワーク内のリスクに対して脆弱になりやすい

ファイアウォールで外部と隔てられたネットワーク境界より内側を一括で安全と見なす構成では、内部ネットワーク上に存在するデバイス同士で発生するマルウェアの拡大や攻撃（ラテラルムーブメント）が考慮されておらず、これらを遮断することができません。

ネットワーク境界の内側を盲目的に安全と見なさず、マイクロセグメンテーションやホストベースセキュリティを組み合わせてラテラルムーブメントなどへ対策を行う場合には、上記の課題は当てはまりません。

◆内部ネットワークの細分化は運用負荷が高い

上記の課題への対応方法として、内部ネットワークを分割して、フロアスイッチや拠点コアスイッチにアクセスリスト（ACL）を適用して管理することもできます。しかし、きめ細かく制御するほどACLのメンテナンスにかかる負荷は大きくなります。不要なアクセスリストが残り続けると、攻撃者に悪用される危険があるため、変更量や頻度が多くても、確実な運用が求められます。

◆リモートユーザーの増加への対応が困難

COVID-19流行時にリモートワークを導入／対象を拡大した企業の多くが直面した課題が、リモートアクセスVPN装置の処理能力や回線帯域が不足するというものでした。

利用するアプリケーションや接続先にかかわらず、リモートアクセス端末を拠点内部の端末と同じように境界セキュリティで一元的に取り扱う、という方針では、すべてのリモートアクセスが集中するVPN装置がボトルネックとなったりコストが大きく増大したりすることを避けられません。

NIST SP800-207では、ネットワークインフラストラクチャでのゼロトラストアーキテクチャの実装アプローチとしてSDP(Software Defined Perimeter)[19]を挙げています。

SDPは、名前の通り、SDN(Software Defined Network)によりネットワーク境界(Perimeter)を動的に構成するアプローチです。

SDPでは該当のユーザー／端末がどのリソースへアクセス許可されるべきかを判断するPE/PAの役割はコントロールプレーンへ分離して、ネットワークインフラストラクチャはポリシーを実行するPEPの役割に徹します。ネットワークはプログラマブルでありさえすればよく、特別な機能は不要です。必要なポリシー(ACLなどアクセス制御に必要な設定)は随時自動的に適用されるため、運用負荷は大きく軽減します。

ポイントとなるのは、PEPをどこに位置付けるかです。ネットワーク境界のファイアウォールやコアスイッチをPEPとして自動的にACLを適用するのであれば、従来の境界セキュリティとあまり変わりませんが、端末に近い機器でポリシーを実行するのであれば前述の1つ目の課題の対策となります。SDPで実装する場合、自動化により十分に細分化し、暗黙的なアクセス許可の余地を廃し、動的なアクセスポリシーの変化に追随できるようになっていますので、リモートアクセスの要件がないのであれば、ゼロトラストアーキテクチャの実装の1つの形態といってよいでしょう。

リモートアクセスの要件がある場合にはPEPはインターネット上にも配置されるべきです。これにより各種クラウドサービスへVPN経由ではなくPEP経由でインターネットから直接アクセスすることができます。VPNのボトルネックの軽減にもなり、ユーザーから見ても遅延の低減につながります。

以降に説明するようなソリューションが、上で述べたようなネットワークインフラストラクチャでのゼロトラストアーキテクチャ実装の一部を担っています。

[19]：Software-Defined Perimeter (SDP) 仕様書 v2.0(https://www.cloudsecurityalliance.jp/site/wp-content/uploads/2022/05/SDP-Specification-v2_0-030922-J.pdf)

SASE(Secure Access Service Edge)

SASEはGartner社が提唱した[20]、ゼロトラストの原則に基づくリソースアクセスをサービスとして提供するネットワークの概念です。

SASEでは、SD-WANやSWG(Secure Web Gateway)、CASB(Cloud Access Security Broker)、FWaaS(FireWall as a Service)、ZTNA(Zero Trust Network Access)などの機能を包含し、拠点内からのアクセスとリモートアクセスを統合して一貫性のあるポリシーで制御することを目指しています。

SASEはゼロトラストアーキテクチャを実現する上で不可欠なコンポーネントではありますが、SASEさえ導入すればゼロトラストアーキテクチャが完成するわけではないので注意してください。また、SASEを謳っているソリューションであっても、前述のすべての機能を備えているわけではなかったり、得意とする機能がそれぞれ異なっていたりするので、1つのSASE製品を導入すれば十分とは限りません。採用する企業側も、すべての機能を一度に導入するのは困難であるため、それぞれの要件や現行環境にあわせて、複数の製品を組み合わせ、段階的に導入する企業が多いというのが実情です。

近年ではSWG、CASB、ZTNAの3つの機能のみを取りあげて、これらを備えた製品をSSE(Security Service Edge)という新しいカテゴリで定義しています。

SWG(Secure Web Gateway)

ゼロトラストアーキテクチャが保護の対象とするリソースアクセスにはさまざまなユースケース・通信要件がありますが、SWGはエンドポイントがインターネットへ接続する通信を対象に、不正なソフトウェアやサイトから端末を守るためのソリューションです。

すでに述べた通り、モバイルデバイスの増加やリモートアクセス需要の高まりに加え、クラウドサービス利用の広がりにより、拠点内からのインターネット接続と社外端末のインターネット接続をデータセンターのバックホールへ集約する構成は、キャパシティ的な面からもデメリットが大きくなってきました。

[20]: Definition of Secure Access Service Edge (SASE) - Gartner Information Technology Glossary(https://www.gartner.com/en/information-technology/glossary/secure-access-service-edge-sase)

そこで、拠点内からのインターネットアクセスをデータセンターへ転送せずに拠点ゲートウェイから直接インターネットへ送出するローカルブレイクアウト(Local Break Out = LBO、インターネットブレイクアウトやダイレクトインターネットアクセスとも呼びます)構成をとり、社外の端末からもVPNを経由せずに直接インターネットへ接続させる方式がトレンドとなっています。したがって、データセンタのセキュリティ設備を代替できるようなインターネットセキュリティソリューションが求められています。

Gartnerの定義[21]では、SWGは最低限URLフィルタリング、不正なコードの検出とフィルタ、インスタントメッセージング(IM)やSkypeなどの主要なWebベースのアプリケーションに対するアプリケーション制御機能を備えているべきであるとされています。

そのほかにも、実行ファイルやOfficeファイルを開いて不審な振る舞いがないか確認してから端末へ転送するサンドボックス機能や、個人情報や機密情報などの情報漏洩を防ぐDLP(Data Loss Prevention)、セキュアDNSやプロキシ機能などを備えているものも多数あります。

また、DNS・プロキシレベルのセキュリティにフォーカスし、Web以外も含めたあらゆるプロトコルに対する脅威を阻止すると謳うCisco Systems社は、UmbrellaをSWGではなくSIG(Secure Internet Gateway)と位置付けています[22]。

SWG/SIGいずれも、クラウドサービスで提供されているため、トラフィックをデータセンターのセキュリティ機能に集約することなく、社内外のどこからでも利用できること、社内外の端末を一元的に管理でき、一貫したポリシーを適用できる点、ハードウェアアプライアンスを利用する場合と比べてスケーラビリティに優れている点などからゼロトラストアーキテクチャの主要な構成要素といえます。

[21]:Definition of Secure Web Gateway - IT Glossary | Gartner(https://www.gartner.com/en/information-technology/glossary/secure-web-gateway)
[22]:SIG(セキュアインターネットゲートウェイ)とは? - Cisco(https://www.cisco.com/c/m/ja_jp/umbrella/sig.html)

COLUMN

RBI(Remote Browser Isolation)

インターネットアクセスにおいて、不正なサイトを閲覧した際に悪意のあるコードを実行される脅威への対策として、サンドボックスなどがありますが、類似のソリューションとしてRBIがあります。

RBIではサイトのコンテンツの読み込みや実行をRBIサーバー側で行い、レンダリングされた画面情報だけをユーザー端末へ配信することで、端末をマルウェア感染などから守ります。

FWaaS(Firewall as a Service)

FWaaSはファイアウォール機能をクラウドサービスとして提供する製品を指します。IPアドレスやポート番号でフィルタリングを行う古典的なファイアウォール機能だけではなく、パケット内部を精査するディープパケットインスペクション機能やIPS機能、URLフィルタリングなど、NGFW(Next Generation FireWall)が備えているさまざまな機能も提供することが一般的です。

FWaaSはクラウド上でホストされており、社内外問わず通信をいったんセキュアな接続を通じてPOP(Point Of Presence)まで転送します。社内外両方の通信を一元的に制御可能であることや、動的にスケーリング可能な点が特徴です。

CASB(Cloud Access Security Broker)

CASBはクラウドサービスへのアクセスに対し、セキュリティポリシーを適用させるためのソリューションで、Gartnerの定義[23]では、制御の例として、認証、シングルサインオン、認可、クレデンシャルマッピング、デバイスプロファイリング、暗号化、トークン化、ロギング、アラート、マルウェア検出・防止などを挙げています。

インターネット通信を一元的なポリシーで制御するという点においてSWGと類似したソリューションですが、CASBはクラウドサービスへのアクセスに特化しており、クラウドサービス内容に合わせた機能が充実しています。たとえば、BOXなどのファイルストレージサービスに対して操作レベルで制御(ダウンロードは可能だがアップロードは不可、全体公開にするとアラートなど)可能なものがあります。

[23]:Definition of Cloud Access Security Brokers (CASBs) - IT Glossary | Gartner(https://www.gartner.com/en/information-technology/glossary/cloud-access-security-brokers-casbs)

CASBに注目が集まった要因の1つとして、シャドーITの検出があります。ユーザー個人や事業部門が情報システム部門や情報セキュリティ部門に許可を得ずに勝手に使用しているITサービスをシャドーITと呼びます。シャドーITは情報システム部門のガバナンスの外にあり、安全性が確認されていないため使わせたくありません。仮に安全性の問題がないとしても、同じサービスを利用しているにもかかわらず、部門予算で調達しているためにそれぞれ別テナントで契約しており無駄なコストが発生している、同じサービスを利用している実態が把握されずにノウハウの共有が起こらない、などといった面からの課題もあります。

CASBではトラフィックの宛先や通信内容から、ユーザーがどのSaaSを使っているかを検出し、可視化することができます。リスクがあるとみなしているサービスへはアクセスを禁止できますし、企業として使用を認めるか認めないかを定めていないサービスを使用していればそれが洗い出されますので、あらためて許可するか否かを検討できます。

シャドーITを検出するための構成には複数あり、必ずクラウド通信がCASBを通るように通信経路上にプロキシとして構成するタイプや、通信経路には配置せず、経路上の機器からのログを収集解析して検知するタイプがあります。制御対象のクラウドサービスを特定している場合は、あらかじめAPI連携しておくと、ユーザーがそのクラウド上で特定の操作を行なったことを検知してアラートを上げるなども可能です。

検知と同時にリアルタイムで制御したい場合、ログ収集型は不向きです。プロキシタイプ以外で通信を制御する方法としては、端末側にエージェントをインストールするなどがあります。

例として、Microsoft Defender for Cloud Apps[24]では、Microsoftクラウドアプリケーション(M365など)やAzure ADとSSO連携しているクラウドサービスについては、必ずAzure ADの認証モジュールを経由するため、ここがプロキシ型CASBとして動作します。しかし、それ以外の3rd party製SaaSやウェブサイトについては、Microsoft Defender for Cloud Apps単体では検知・制御ができません。

[24]：Microsoft Defender for Cloud Apps(https://www.microsoft.com/ja-jp/security/business/siem-and-xdr/microsoft-defender-cloud-apps)

通信経路上のネットワーク機器などからログを収集して分析することで検知はできますが、端末から未承認クラウドアプリケーションへ接続できなくするには、端末にインストールされたMicrosoft Defender for Endpoint[25]のエージェントと連携する必要があります。

このように、通常CASBはさまざまな製品と組み合わせて提供されており、CASBとSWGを統合したタイプの製品も増えていることから、今後はSWGとCASBの違いについてあまり神経質になる必要はないでしょう。

●Microsoft Defender for Cloud Apps制御ポイントの違い

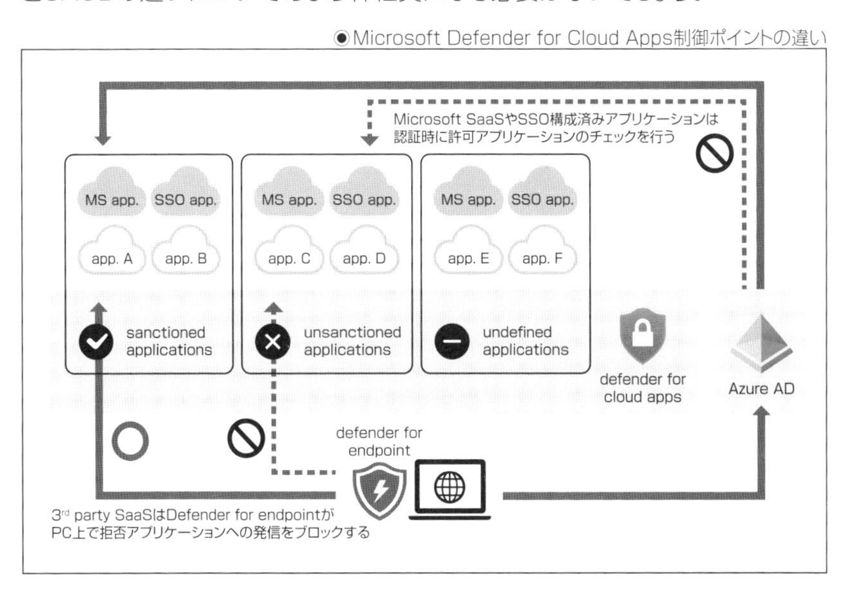

●Microsoft Defender for Cloud Appsの管理画面

[25]：Microsoft Defender for Endpoint | Microsoft Security（https://www.microsoft.com/ja-jp/security/business/endpoint-security/microsoft-defender-endpoint）

●Microsoft Defender for Endpointの管理画面

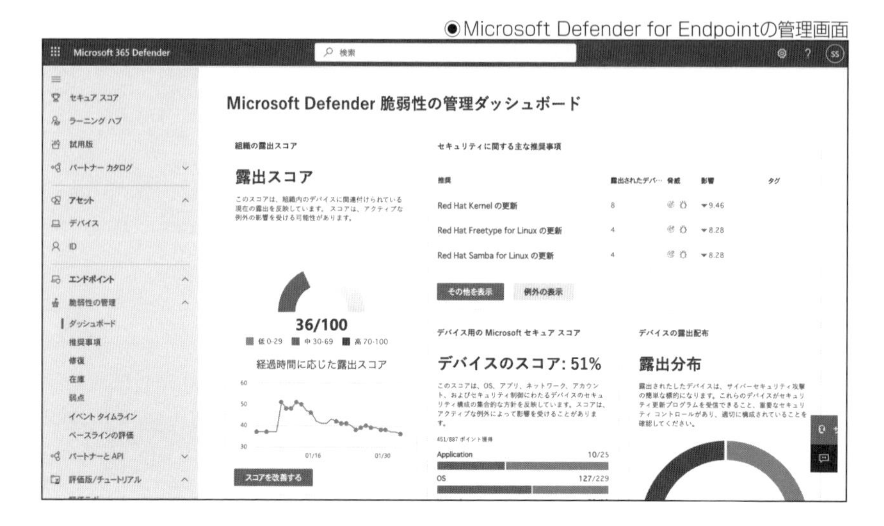

ZTNA(Zero Trust Network Access)

ZTNAはゼロトラストの原則に即したアプリケーションアクセスを提供するための仕組みです。前述のSDPと呼ばれている製品と同じであるケースが多いですが、必ずしもCSA(Cloud Security Alliance)が定めているSDPの仕様[26]に準拠していることを指しません。

Gartnerの定義によれば、ZTNAとは、アイデンティティおよびコンテキストベースの論理的なアクセス境界を、アプリケーションの周囲に設ける製品またはサービスのことです[27]。

従来のリモートアクセスVPNも接続時にユーザー認証やポリシー遵守状況のチェックを実施しますが、いったんVPN接続が確立した後は、設定で決まった再認証タイミングまでユーザーを再検証することはありません。これはリソースアクセスの都度、権限を確認することを求めるゼロトラストの原則に則っているとはいえません。

また、VPN接続を確立した端末は社内ネットワーク内に存在する端末として扱われるため、ラテラルムーブメントが可能になります。認証情報に合わせて動的にACLを適用することも可能ですが、あくまでIPアドレスやポート番号ベースのACLが適用されるだけであり、リクエストしたリソースへのアクセス権限が都度、評価されるわけではありません。

[26]：Software-Defined Perimeter (SDP) 仕様書 v2.0(https://www.cloudsecurityalliance.jp/site/wp-content/uploads/2022/05/SDP-Specification-v2_0-030922-J.pdf)
[27]：Definition of Zero Trust Network Access (ZTNA) - Gartner Information Technology Glossary(https://www.gartner.com/en/information-technology/glossary/zero-trust-network-access-ztna-)

ZTNAでは、あらゆるリソースが認証なしに直接アクセスされることがないように隠蔽し、攻撃面を減らすことを求めています。

IAP(Identity-Aware Proxy)

IAPは(主に企業がホストする)アプリケーションへのリモートアクセスを提供するソリューションです。アイデンティティ認識型(Identity-Aware)という名の通り、認証基盤と連携して、認証情報や権限に基づいてアクセス制御を行います。

◉IAPを利用した企業アプリケーションへの接続

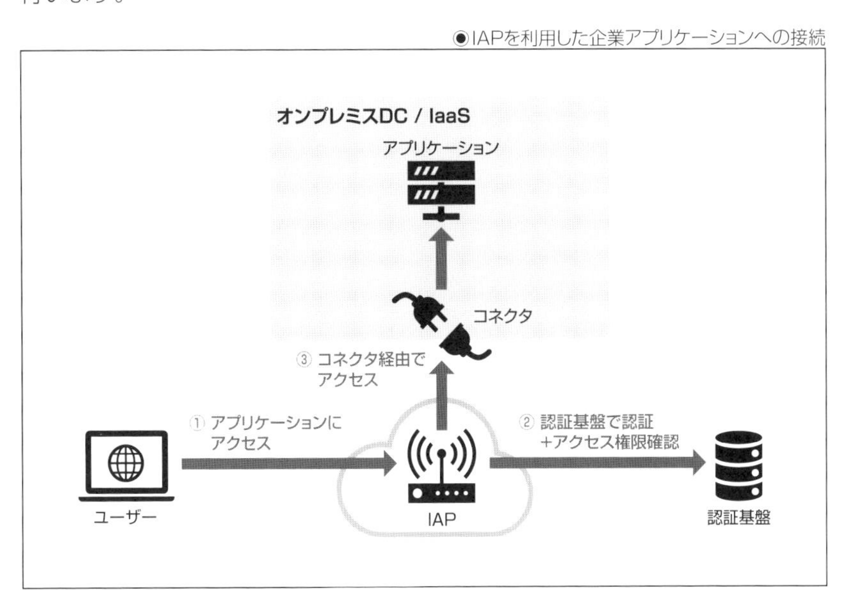

リソースへのアクセスの都度、リソース単位の厳密なアクセス許可と権限を付与するという点でIAPは概念的にはZTNAの一部ということもできますが、IAP = ZTNAではありません。ZTNAを謳っているソリューションとの違いを挙げるとすると、IAPはWebアプリケーションにフォーカスしたソリューションであり、Webアプリケーションへのアクセスに関してはエージェントレスで動作可能、つまり動作する端末を選ばないという点、クラウドサービスで提供されているため、インターネットを経由しない社内端末から社内アプリケーションへのアクセスは制御の対象外となる点が挙げられます。

IAPとして代表的なソリューションとして、GoogleのIdentity-Aware Proxy[28]や、AkamaiのEAA(Enterprise Application Access)[29]が挙げられます。AWS環境ではAWS Verified Access[30]もIAPに分類されるソリューションといえるでしょう。

[28]:Identity-Aware Proxy(https://cloud.google.com/iap?hl=ja)
[29]:Enterprise Application Access | 製品概要(https://www.akamai.com/ja/resources/product-brief/enterprise-application-access)
[30]:安全なアクセス – VPN なし – AWS Verified Access – Amazon Web Services(https://aws.amazon.com/jp/verified-access/)

SECTION-19

クラウド

オンプレミス環境では、アプリケーションをホストするサーバーは、IPSやファイアウォールなどに厳重に守られた安全なネットワークに配置されているという前提で構成されてきました。しかし、ゼロトラストの原則においては、暗黙的な「安全なネットワーク」を前提としないことが求められています。

特に、クラウドファーストの流れが拡大するにつれ、クラウドネイティブ環境特有・SaaS利用前提の環境でのセキュリティソリューションの必要性が高まってきました。

CSPM(Cloud Security Posture Management)

クラウドネイティブ環境で企業システムを運用構築する際の悩みとして、次のようなものがあります。

◆ 設定項目が膨大

通常、多数のサービスを組み合わせて使用するため、すべてのサービスのすべての設定項目を把握することも、それぞれの設定値の妥当性を常に検証することも困難です。マルチクラウド環境であればなおさらです。

開発環境の設定が残ってしまっているなどのミスがあっても、一度紛れてしまうと見つけるのは困難でしょう。

◆ 機能や仕様のアップデートが頻繁に発生する

クラウドサービスは頻繁にアップデートが発生するため、一度検証した設定値がずっと妥当とは限りません。

CSPMはユーザーの設定内容をAPI連携によりチェックして、リスクや誤設定を可視化／スコア化します。

設定の妥当性は、公的機関や業界団体の既存のガイドや規制(たとえばPCI-DSS)、サービス提供ベンダーによるベストプラクティスなどに基づいて自動的に判断され、スコア化されます(個別に基準を設定することもできます)。

手動では実施しきれない広範なチェックを自動化で実施するのに加えて、推奨するアクションや判断材料となる情報などを併せて提示することで対応の迅速化を助けます。

CSPMはCSP(Cloud Service Provider)自身が提供しているものもあります。当然、Microsoft Defender for Cloud[31]はAzureのチェックができますし、他社よりも分析結果や推奨事項などがより詳細に得られるなどのメリットがありますが、AWSやOCI(Oracle Cloud Infrastructure)、GCP(Google Cloud Platform)に対して同じことができるわけではありません。

マルチクラウド環境においては、最初からマルチクラウド管理を目指して設計されている3rd vendor製のCSPMが適しているかもしれません。

●Microsoft Defender for Cloudの管理画面

CWPP(Cloud Workload Protection Platform)

仮想化環境で動作しているクラウドネイティブ環境では、いずれかのノードに攻撃者が侵入した場合も考慮した上で、マイクロセグメンテーション(クラウド内ネットワークの細分化)を行い、ラテラルムーブメントを防ぐことが重要とされています。

CWPPではクラウド上のインスタンスや仮想マシン、コンテナなどといったワークロードや仮想化基盤にソフトウェアをインストールし、脅威からの防御を行います。昔はハイパーバイザー型のソフトウェアファイアウォールはパフォーマンスが懸念事項になりやすかったこともありますが、CWPPではワークロードと一緒にスケールアウトしていくことができます。

[31]: Microsoft Defender for Cloud - CSPM & CWPP | Microsoft Azure(https://azure.microsoft.com/ja-jp/products/defender-for-cloud/)

そのほかの機能の例としては、セキュリティ設定の不備の自動チェック、OSのパッチ適用状況確認、ミドルウェアの脆弱性有無チェック、アンチウイルスソフトのパターンファイル更新、スキャン状況のチェックなどがあります。前述のCSPMや後述のSIEMとも重複する機能があるように、これらの製品と統合されていく流れがあります。CSPMとCWPPを組み合わせたソリューションはCNAPP(Cloud Native Application Protection Platform)と呼ばれています。

●Prisma Cloud CWPPの主な機能

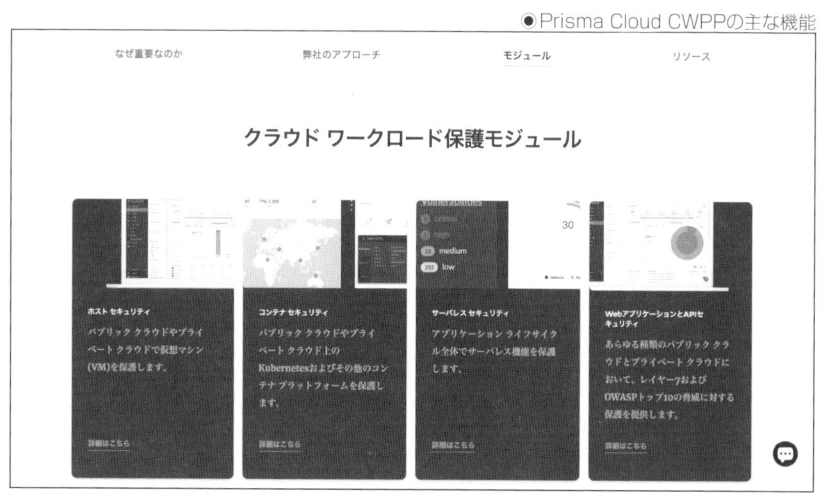

※出典:https://www.paloaltonetworks.jp/prisma/cloud/cloud-workload-protection-platform

データ保護

クラウドシフトの加速した世界においては、データストレージや通信経路全般に存在しうる機密情報や個人情報を、ネットワークやストレージの安全性に依存せず、アプリケーションレベルで保護する必要があります。

◆DLP(Data Loss Prevention)

DLPは、潜在的なデータ侵害やデータ流出につながる送信を検出し、データライフサイクルの随所で監視、検出、およびブロックします。Data Loss Preventionを直訳するとデータ損失防止となりますが、日本語では「データ漏洩」という用語から受ける印象のほうが実態とあっているかもしれません(「データ損失」と「データ漏洩」のいずれの用語も使用されます)。

従来はまず不正ユーザーやその操作に着目して機密情報や個人情報の漏洩の対策を行っていましたが、DLPではまずデータやファイルそのものに機密レベルを定義し、ラベル付けした上で、そのデータに対するアクセスや操作を監視します。これにより、正規のユーザーによる不注意や故意の持ち出しも検出することができます。

逆に、機密情報として定義していない情報は監視することができないため、データをどのようにラベル付けするかが重要になります。このため多くの製品ではパターンマッチングやフィンガープリントを利用して自動的に機密情報を判定する仕組みを備えています。

◆IRM(Information Rights Management)

IRMは機密情報を暗号化し、権限を持つユーザーのみが、暗号化を解除して閲覧・編集などの操作が行えるようにする機能です。機密情報を定義し、そのデータそのものにフォーカスする点はDLPと同じですが、IRMではユーザーに紐付けて権限を管理し、閲覧や編集だけでなく、印刷の禁止やスクリーンショットの禁止など、権限に従って操作を制限できます。また、それらの操作を記録し、監査証跡を残すことも目的の1つです。

IRM機能により暗号化されたデータは同じIRMの管理下でなければ暗号化を解除できないため、データ自体が社外に送信されてしまったとしても読み取ることはできません。

代表的な例としてMicrosoft OfficeのIRM機能があります。Active Directoryと連携して認証や権限の管理が行われ、Wordで作成した文書に秘密度ラベルを設定するとOutlookで文書を添付してメール送信しても権限のあるユーザーしか開くことができないといった制御が可能です。

◆DSPM(Data Security Posture Management)

DSPMはCSPMに類似した可視化と分析のソリューションですが、クラウドの設定ではなく、データにフォーカスした統合管理製品です。

DSPMは機密情報や個人情報がクラウド環境のどこに存在するか、誰がそのデータにアクセスできるかを可視化し、監視・保護します。

SECTION-20

検知・運用・自動化

ゼロトラスト成熟度モデルにおいて、アイデンティティやデバイスといった評価軸全ての土台に位置付けられているのが、「可視性と分析」「自動化とオーケストレーション」「ガバナンス」です。セキュリティ機能を適切に実装しても、それを正しく運用できなければ意味がないといっても過言ではありません。

運用は各セキュリティ機能やソリューションと深く関係しているため、これまでの節でもすでに言及していますが、ここでは特に運用面で活用すべきソリューションを紹介します。

SIEM(Security Information and Event Management)

SIEMは、システム内のさまざまな機器やソフトウェアのログを一元的に蓄積・管理し、脅威となりうるイベントの発生をリアルタイムで管理者へ通知します。収集するデータは、各ノードにエージェントをインストールし、そのエージェント経由で送られてくるログなどや、SNMPやSyslogなどのプロトコルで監視対象から収集したり送られてくるもの、SIEMがセンサーとして動作し、ネットワークトラフィックのパケットキャプチャやフローデータを集めたものなどです。異なるタイプのログを統合的に整理して管理するために、SIEMは収集したログを解釈して正規化することで製品やベンダの違いを吸収します。相関分析などにより、複数種別のログからセキュリティインシデントの発生を判別する分析機能を備えている場合もあります。

実際に運用を開始すると、通知されたイベントを確認した結果対応が不要である場合や、イベント通知が多すぎて対応しきれないケースなどが発生します。対応不要なイベントを抑制するなどの調整が必要な点が注意すべき点として挙げられます。

また、収集したログを保持ポリシーに基づいて適切な期間保存することは、デジタルフォレンジックの観点からも重要です。

SOAR(Security Orchestration, Automation and Response)

SOARは、セキュリティインシデントの発生の検知や原因調査、対応までの運用を自動化・効率化する統合管理製品です。システム内のさまざまなログを収集・蓄積する点はSIEMと同じですが、SIEMがログの蓄積やインシデントの迅速な通知に主眼を置いているのに対し、SOARはMITRE ATT&CK[32]などのフレームワークと組み合わせて、ダッシュボードのイベント表示からドリルダウンして問題判別を進められるよう支援したり、定型的な初動対応のプレイブックを作成して自動化したりといった、インシデント発生後の対応に主眼を置いています。

●Microsoft Sentinel(SIEM+SOAR)のダッシュボード

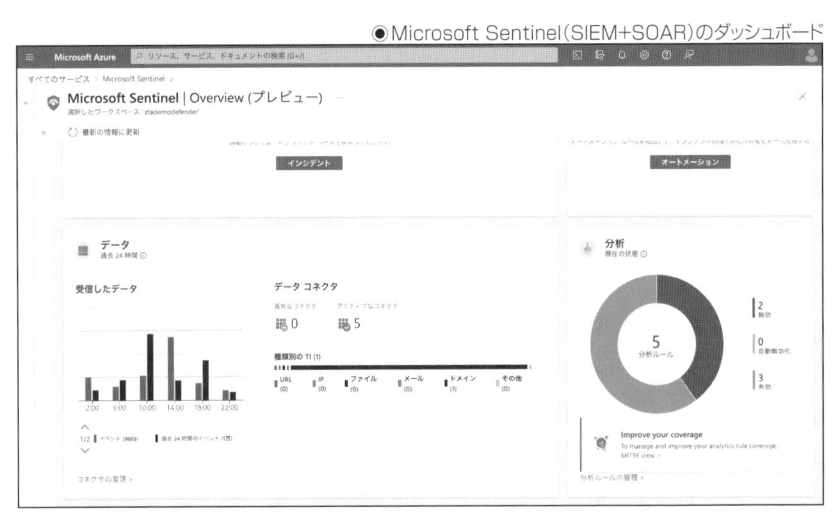

UEBA(User and Entity Behavior Analytics)

UEBAもSIEMやSOARと同じくシステム内のログを取り込んで分析します。これらのソリューションとUEBAが大きく異なるのは、ユーザーやエンティティ(ネットワーク機器やサーバー、アプリケーションなど)のふるまいに着目し、機械学習(+深層学習)を利用して、学習した定常状態と異なる異常行動を検知する点です。これにより、ゼロデイ攻撃や内部不正も検知が可能とされています。

UEBA製品の例として、Microsoft Defender for Identity[33]やSplunkのUser Behavior Analytics[34]があります。

[32]：MITRE ATT&CK®(https://attack.mitre.org/)
[33]：Microsoft Defender for Identity(https://www.microsoft.com/ja-jp/security/business/siem-and-xdr/microsoft-defender-for-identity)
[34]：Splunk User Behavior Analytics(https://www.splunk.com/ja_jp/products/user-behavior-analytics.html)

SOC(Security Operation Center)

SOCはセキュリティイベントを監視し、対応や分析を行う組織です。イベントが発生した際にすぐに対応できるよう、24時間365日体制で人員が待機している必要があります。

SIEMなどのツールの支援があるとはいえ、アラートを発したイベントを確認して適切な対応を行うには一定のスキルが必要です。そのような人員を十分に確保できない企業は、セキュリティベンダーによるマネージドSOCサービスを利用するのが一般的です。

検知や分析に必要なログをSOCへ転送する必要がありますが、システム内のすべてのログをSOCへ送るのか、対応が必要なログをあらかじめ絞り込んで送るのか、その場合どのログを送ればいいのか、マネージドSOCを利用する場合でも、これらの検討は必要になります。

SOCを自社内に設置する場合もあり、その場合はプライベートSOCと呼ばれます。

SOCの詳細については次章で記載します。

CSIRT(Computer Security Incident Response Team)

CSIRTはセキュリティインシデントが発生した際の適切で迅速な対応を目的とする組織です。SOCがインシデントの検知に重点を置いているのに対し、CSIRTはインシデントの原因調査や高度な分析、対応策の策定などが主眼となります。

サイバー脅威インテリジェンス(Cyber Threat Intelligence = CTI)

サイバー脅威インテリジェンスはSOCやCSIRTの活動で用いられる、セキュリティの脅威について収集・分析した情報と、それにより得られる知見などの情報の総称です。

CTIは利用目的に基づいて大別すると、下表のようなものがあります。

◉CTIの分類

CTI	説明
戦略的(Strategic)	攻撃者が誰で、何のために行ったのかや脅威の傾向、地政学的な背景なども含めて、セキュリティに関する(経営層などの)意思決定を支援するインテリジェンス
運用的(Operational)	攻撃手法(Tactics, Techniques and Procedures = TTPs)を分析し、修復プロセスや脅威ハンティングの方法を蓄積したもので、CSIRTやSOC管理者向けのインテリジェンス
戦術的(Tactical)	IoC(Indicator of Compromise)や攻撃に用いられる技術、TTPsなど、個別の攻撃に関する直接的な情報で、運用担当者が利用することを想定している

IoCがサイバー脅威インテリジェンスとして提供されているケースがしばしばありますが、前述の通り、収集したIoCからTTPsを分析し、攻撃者の背景や意図まで特定していくことで、CTIは価値を発揮します。

◉IoCと脅威インテリジェンスの関係

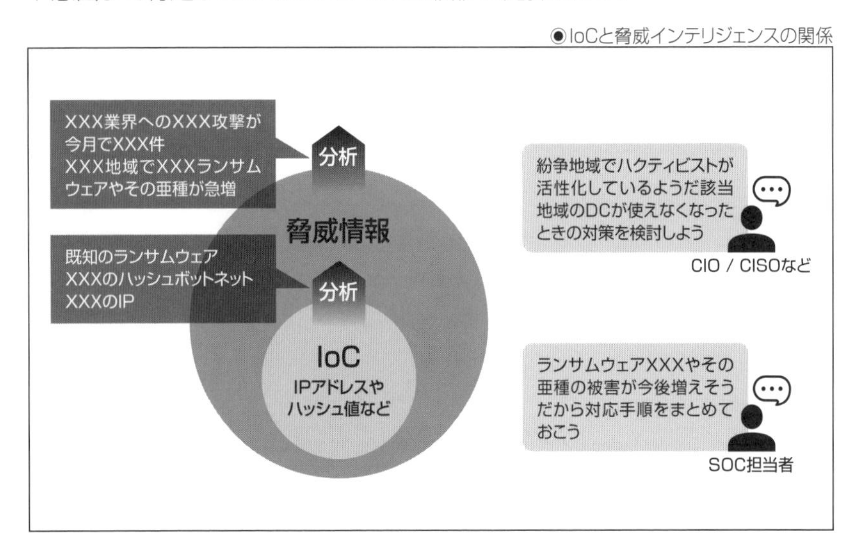

CTIはSIEMなどのプラットフォームにパッケージされた脅威データフィードとして入手でき、構造化された情報フィードとして随時アップデートされます。オープンソースとして脅威インテリジェンスを提供している企業・団体もあり、OSINT(Open Source INTelligence)と呼ばれています。OSINTの代表例としてはMISP(Malware Information Sharing Project)[35]などがあります。

SIEMにパッケージされたCTIは多くの場合、IoCが中心で、前に挙げた戦術的CTIなどは含まれないのが普通です。しかし、ここ数年の世界情勢において、国家のバックアップを受けているサイバー攻撃集団が次々と報告されているところからも、単にIoCやTTPsだけを分析するのではなく、地政学的な情報も別途収集し、あわせて分析することが重要です。

また、金融や航空業界など多くの重要な産業内で脅威インテリジェンスの共有が行われています。ISAC(Information Sharing and Analysis Centers)[36]を確認して、その業界特有の攻撃傾向やベストプラクティスの情報を逃すことがないようにしましょう。

サイバー脅威インテリジェンスの共有に参加する企業に対し、米国国土安全保障省(DHS)はAIS(Automated Indicator Sharing)[37]というサービスを提供しています。企業間でCTIを共有するために、CTIの記述形式としてSTIX(Structured Threat Information eXpression)、CTI送受信する際のプロトコルとしてTAXII(Trusted Automated eXchange of Indicator Information)といった標準を使用します。

[35]：MISP Open Source Threat Intelligence Platform & Open Standards For Threat Information Sharing(https://www.misp-project.org/)
[36]：National Council of ISACs(https://www.nationalisacs.org/)
[37]：DHS/CISA/PIA-029 Automated Indicator Sharing | Homeland Security(https://www.dhs.gov/publication/dhsnppdpia-029-automated-indicator-sharing)

情報セキュリティガバナンス

情報セキュリティガバナンスとは、経済産業省の定義によれば、「コーポレートガバナンスと、それを支えるメカニズムである内部統制の仕組みを、情報セキュリティの観点から企業内に構築・運用すること」[38]です。情報セキュリティガバナンスとITガバナンスには重複するITセキュリティの要素がありますが(下図参照)、ITが直接関わらないセキュリティの側面がおろそかにならないよう検討が必要です。

セキュリティ管理やリスク管理が重要な取り組みとして位置付けられるのはもちろん、それらが適切かつ確実に運用されるために、従業員のセキュリティ教育やモニタリングの仕組みを構築することがガバナンスとして肝要です。

◉コーポレートガバナンス、ITガバナンスと情報セキュリティガバナンスの関係

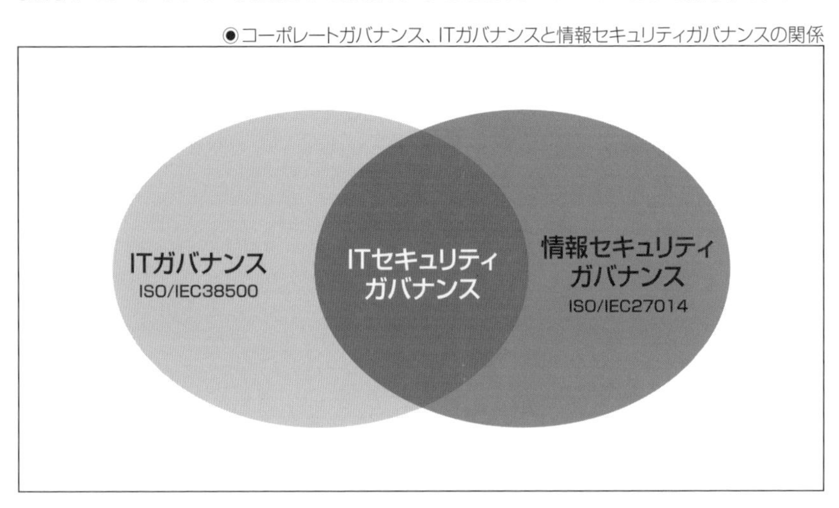

以降で、ゼロトラスト成熟度モデルで取り上げられているガバナンスという観点で、情報セキュリティガバナンスの実行やポリシー策定の参考となるツールやフレームワークをいくつか紹介します。

[38]：情報セキュリティガバナンスの概念(METI/経済産業省)(https://www.meti.go.jp/policy/netsecurity/secgov-concept.html)

◆サイバーセキュリティフレームワーク(Cyber Security Framework = CSF)

米国のNISTが開発したフレームワークで、CIS ControlやISMS(情報セキュリティマネジメントシステム)と並んでグローバルで普及しています。

CSF[39]では、主に組織やプロセスの観点から、サイバー攻撃対策における情報セキュリティとサイバーセキュリティのタスクを下表のように分類・体系化しています。

◉サイバー攻撃対策における情報セキュリティとサイバーセキュリティのタスク

タスク	説明
特定	ポリシーの策定やリスク管理、脆弱性管理、サプライチェーンリスク管理など
防御	IT情報資産の運用ライフサイクルの各段階において講ずるべきセキュリティ技術
検知	イベント検知とそのプロセス、継続的な監視
対応	セキュリティイベントや脅威の検知時における対応計画やコミュニケーション、封じ込めと根絶
復旧	攻撃を防げなかった場合でも迅速にデータとシステムを修復するための復旧計画

◆CIS Controls

CIS Controls[40]はNSA(米国国家安全保障局)やDISA(米国国防情報システム局)、NISTなどの米国政府機関や企業、学術機関からなる団体であるCIS(Center for Internet Security)が策定しました。

CSFに比べるとより技術的な側面からサイバー攻撃対策を整理しており、「絶対的な保護というものはありえない」という考えから、重要かつ最初に対応すべき対策にフォーカスしている、現実的なフレームワークです。

CIS Controlsの推奨事項やベストプラクティスを各OSなどのシステムごとに落とし込んだCIS Benchmark[41]はCSPMのスコア算定の根拠として使用されるほか、AWSなどのCSPが提供しているベストプラクティスやガードレールもCIS Controlsに準拠しています[42][43]。

[39]:Cybersecurity Framework | NIST(https://www.nist.gov/cyberframework)。翻訳版はhttps://www.ipa.go.jp/files/000071204.pdf
[40]:CIS Critical Security Controls(https://www.cisecurity.org/controls)
[41]:CIS Benchmarks(https://www.cisecurity.org/cis-benchmarks/)
[42]:CIS Benchmarks とは何ですか?(https://aws.amazon.com/jp/what-is/cis-benchmarks/)
[43]:Center for Internet Security (CIS) ベンチマーク(https://learn.microsoft.com/ja-jp/compliance/regulatory/offering-cis-benchmark)

◆セキュリティ訓練

従業員のセキュリティに対する知識や意識を高める取り組みとして、一般的な座学の教育プログラムのほかに、フィッシングキャンペーンなどのシミュレーション演習があります。従業員にそれと知らせずにフィッシングメールを送付し、その対応をテストするものです。

フィッシングの手口は日ごとに巧妙になっており、電話などと組み合わせるヴィッシングの成功率は一般的なフィッシングの約3倍といわれています[44]。このため、専門の業者が最新の手口の知見に基づいてフィッシングキャンペーンを行うメール訓練サービスが注目されています。

また、それ以外の教育にもCTF(Capture The Flag)の仕組みやゲーミフィケーションの要素を取り入れ、従業員のトレーニングへの意欲や知識定着を高める工夫が行われています。

インシデントレスポンスチームのインシデント対応訓練としてはレッドチーム演習が行われます。チームを自社のシステムに攻撃を仕掛ける側のレッドチームと攻撃を防いだり被害を抑えたり攻撃元を特定したりする側のブルーチームに分け、実践的に攻撃とその対応を学びます。場合によってはこれにパープルチームが加わることもあります。パープルチームはレッドチームとブルーチームの間に立って攻撃や防御の進め方をファシリテートしたり、両方のチームの状況や考え方をヒアリングして最終的に演習のナレッジをまとめ上げる役割です。

レッドチーム演習に関しても、いくつかのコンサルティングベンダーやセキュリティベンダーがサービスとして提供しています[45][46][47]。

[44]：IBM Security X-Force脅威インテリジェンス・インデックス ¦ IBM(https://www.ibm.com/reports/threat-intelligence/jp-ja/)
[45]：レッドチーム演習／脅威ベースのペネトレーションテスト(TLPT) - KPMGジャパン(https://kpmg.com/jp/ja/home/services/advisory/risk-consulting/cyber-security/cyber-technology/led-penetration-test.html)
[46]：レッドチーム演習 ¦ PwC Japanグループ(https://www.pwc.com/jp/ja/services/digital-trust/cyber-security-engineering/red-team-exercises.html)
[47]：レッドチームオペレーションサービス / サービス・製品 / 情報セキュリティのNRIセキュア(https://www.nri-secure.co.jp/service/assessment/redteam_operation)

SECTION-21

本章のまとめ

本章では、ゼロトラストアーキテクチャを構成する技術要素やソリューションを、「認証・認可」「デバイス」「ネットワーク」「クラウド」「検知・運用・自動化」の5つのカテゴリーに分けて説明してきました。

認証および認可は、リソースへの必要最小限のアクセス権限を付与し継続的に評価するという、ゼロトラストの考え方を実装する上で根幹となる機能です。IDaaSを利用し、パスワードレスのMFAを組み合わせて各種クラウドWebサービスへSSO（シングルサインオン）する、というのが最新のトレンドになります。

デバイスの管理も重要です。特に個人資産のスマートフォンやタブレットの業務利用やBYODが増えたことにより、UEMと呼ばれる統合デバイス管理ソリューションが注目を集めています。また、インターネットへの直接接続を可能にする一方で、端末自体を不正アプリケーションから守るために、EPP/EDRも重要です。

ゼロトラストの原則に則った世界のネットワークが、現在の世界のネットワークと最も異なる点はLBO（Local Break Out）の考え方です。インターネット接続にあたってデータセンターにトラフィックを集約せずに、拠点内外を問わず直接接続する、そのためにデータセンターのセキュリティ設備を代替できるCASBなどのネットワークセキュリティソリューションが次々と登場しています。

クラウドシフトの加速により、企業の多くのワークロードがクラウド上に移行しました。これらの複雑で多量のセキュリティ設定を統合管理するCSPMやラテラルムーブメントを防ぎワークロードを保護するCWPPといったソリューションが求められています。

また、データの保管場所や通信経路が多様化した分、機密情報や個人情報の漏えいへのより安全な対策が求められています。

ゼロトラストアーキテクチャのソリューションを導入しても、適切に運用しなければ「ゼロトラスト」は実現できません。前述のすべての技術分野の土台に位置付けられているのが運用です。SIEMやSOARなどのツールを利用して省力化・自動化し、確実性を高めるだけでなく、SOCやCSIRTなど組織や体制面、情報セキュリティガバナンスなど経営レベルでの検討も必要です。

CHAPTER 05
ゼロトラスト アーキテクチャの運用

本章の概要

企業のセキュリティ運用においては、重大なセキュリティ事故が発生した有事にはスピードある対応を取れることが重要です。一方で、過度なコストがかからないように運用業務効率を高める工夫も求められます。複雑なゼロトラストアーキテクチャを運用していく中で全体的そして多角的な視点で運用組織や体系および運用管理について在り方や考えを整理して紹介します。

SECTION-22

組織体制と運用

セキュリティ運用の組織体制は業種や規模によってさまざまですが、企業に見られるセキュリティ組織体制や運用全体を俯瞰した体系の在り方について解説します。また、ゼロトラストアーキテクチャにシフトすることによって変わる運用の考え方やそれをサポートするための統合運用、運用自動化、脅威インテリジェンス情報の活用について説明します。

セキュリティ組織の重要性

多くの企業で情報セキュリティの最終意思決者にCISO(Chief Information Security Officer)あるいはCSO(Chief Security Officer)という役職を設けて、CEO(Chief Executive Officer)、COO(Chief Operating Officer)あるいはCIO(Chief Information Officer)などのトップマネージメントに報告する組織体制をとっています。近年は、取締役会議、株主総会などでも情報セキュリティに対しての取り組みへの関心が高まり、議題として取り上げられるようになってきました。また、ビジネス活動をする国が制定した個人情報、データ保護に対する法律を遵守する必要もあり、リーガルの側面でもセキュリティの最高責任者の役割と重要性は増しています。

セキュリティのトップであるCISO、CSOの配下にはリスク統括、セキュリティ統括など企業全体を集中管理するための組織が設置されていることが多く、事業主体であるLOBやシステム部にその機能を分散しないように集約化されています。これには意思決定の統一やガバナンスのために職責分離することが目的としてあります。企業内でセキュリティを守ることがビジネスを推進する側の障壁となることがあり、ビジネス現場寄りの判断をせずに堅牢なセキュリティを守るための判断をすることがミッションであるためです。

企業内でのセキュリティの組織体系にはCSIRT(Computer Security Incident Response Team)、SOC(Security Operation Center)という部門あるいはチームが設置されます。この組織はよりIT現場での実務的な運用を担う役割となります。情報セキュリティはITとも密に結合する関係のため、セキュリティリスク統括とITシステム開発・運用との間を掌る役割の組織として機能します。

そしてシステム運用にもセキュリティ運用を担う組織があり、それらはインフラの運用管理、ネットワークの管理、ID・認証システムの管理、端末の管理、ユーザー向けヘルプデスクなどのシステム管理の主管部門としてセキュリティ運用を実施します。

セキュリティ全体の組織体制ということでは、上で述べたように企業にとってはビジネスとITが一体となったガバナンス、システム開発・運用の情報セキュリティ統括という観点でより多くのステークホルダーが存在しますが、次項ではセキュリティを統制、管理するセキュリティアシュアランスの体系について説明します。

●セキュリティ組織体制図の例

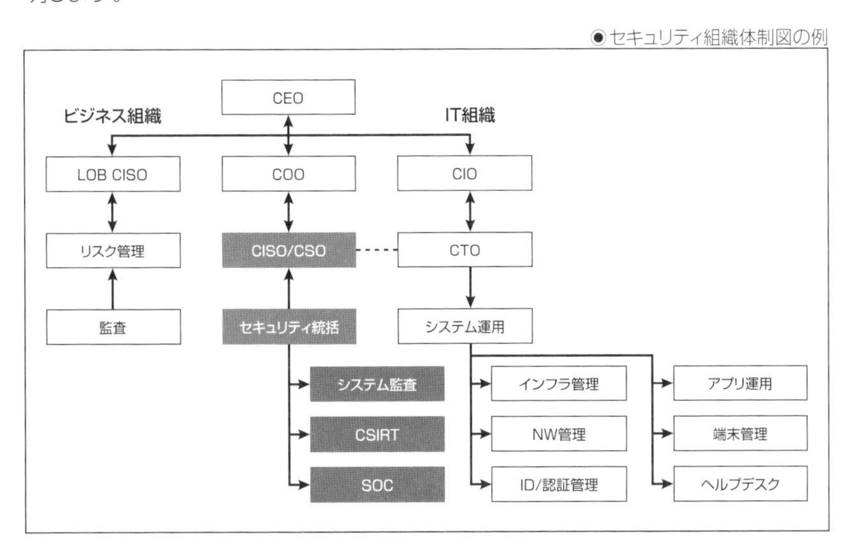

セキュリティアシュアランス

企業のBCP(Business Continuity Planning)では、大地震、台風、洪水などの自然災害、COVID-19など流行病、伝染病によるパンデミック、広域停電によるネットワーク障害、データセンター障害および大規模システム障害などの重大リスクを想定して、事業継続するための計画を策定します。

昨今では、ランサムウェア攻撃による被害や個人情報漏洩事故に代表されるようなセキュリティの重大インシデントも事業継続の阻害要因となるリスクになっています。

そのため、セキュリティ運用も企業のBCP全体の体系の一環という考え方をします。

BCPを最上位にして、それに基づいたセキュリティポリシーおよびスタンダードを策定します。セキュリティポリシーとスタンダードは守るべきセキュリティのルールであり、システム開発および運用において、その適用を徹底することで、企業内での情報セキュリティに対して保証をする必要があります。そのための考えやルールを文書化し、適切に守られているのかをチェックするプロセスを作成し、また監査のためのエビデンスを残すことで、セキュリティが遵守される仕組みを作っていきます。

特にグローバルで企業活動をする組織の場合は、国や地域によって法律や規制、あるいは働く従業員の意識も違っています。文書があることによって、セキュリティで守るべきルールの共通理解とセキュリティ事故への抑止力が働きます。

セキュリティとして守るべきルールも抽象度の高いものから、具体的なものまで記述レベルにも違いがあるので、文書は階層構造に体系立てることで、IT実装にも反映させることができます。階層化された構造の例を下図に示します。

●セキュリティアシュアランスの体系

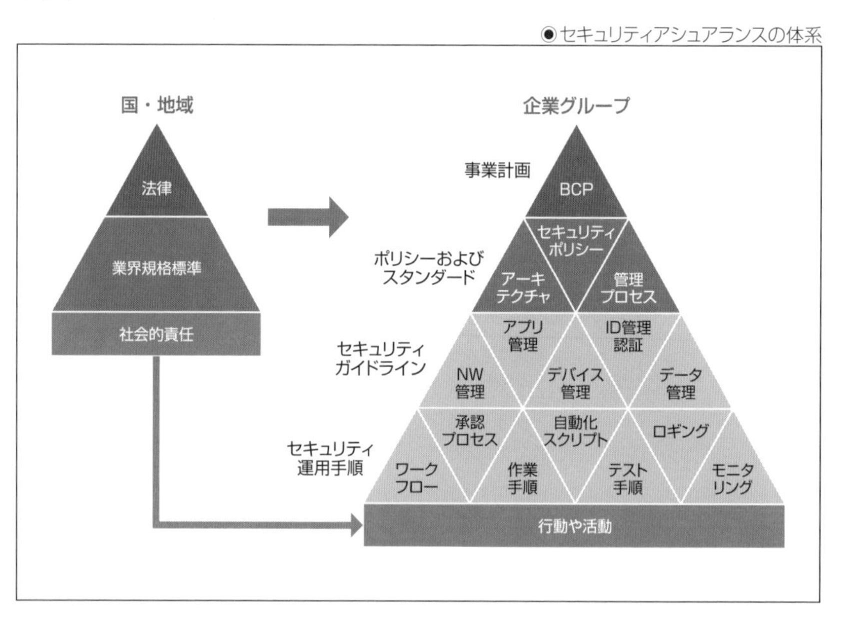

企業のセキュリティポリシーの上位には、国・地域の法律や業界で定められている標準もあるので、それらも文書体系の中で参照した形で作成します。また、論理的なルールを策定するだけでは、下位の実装段階でテクノロジーや人に依存して考え方がバラバラになってしまうので、技術的な文書のガイドラインレベルまで記述をブレークダウンすることで、仕様を定義します。ITの実装にまで落とし、最後は人の行動や活動に反映することが、社会的責任を果たすという結果につながります。

変わるSOCの在り方

ゼロトラストアーキテクチャの導入によって大きな変化があるSOCの在り方について考察します。SOCによる監視運用体制は、セキュリティを専門とするベンダーに外部委託にするのか、内部からの情報漏洩対応も視野に内製化するのか、あるいはその組み合わせのハイブリッドにするか、企業が主としている業界・業種やそれに紐付いた規制、遵守事項によって在り方が変わってきます。内製化を企業が目指した場合の課題と選択できるソリューションについて、また、セキュリティ運用を外部委託する範囲を見定めるための考慮点について説明します。

セキュリティ脅威や情報漏洩からシステムを守るために、SOCによる監視サービスがセキュリティベンダーにより提供されています。SOCにおける具体的なイベント発生から改善対応までのプロセスは下図のフローになります。これはセキュリティ攻撃の検知を目的に、外部からのサイバー攻撃やマルウェアの侵入について、セキュリティ上のリスクがあるイベントをアラートとして監視していくものです。企業はセキュリティベンダーの監視サービスを受けることで、24時間365日の監視体制を確保し、専門性のあるセキュリティアナリストによるインシデント調査をリアルタイムで把握します。

●インシデント対応の流れ

しかしながら、昨今は働き方改革、DX(Digital Transformation)推進などのビジネス施策により、利用者はインターネットを介したリモートアクセスにより企業内のシステムにアクセス可能な状態になり、またクラウド上のアプリケーション利用も促進されているので、内部犯行あるいはセキュリティ事故による情報漏洩のリスクも高まっています。そのため、外部からの侵入を監視するのみならず、内部関係者からの漏洩を監視する役割がSOCにも求められるようになってきました。

このようなリスクシナリオを想定すると、必ずしも専門的な外部のセキュリティアナリストによりインシデント対応をすることではカバーできなくなり、セキュリティ監視運用にも企業内部の業務や組織について把握できている人員、体制が必要となってきます。そのため、SOCを内製化したいという企業が増えてきました。また、情報漏洩事故はビジネスへの影響も大きく、また時には社会問題にも発展します。それについて外部任せという体質ではビジネス経営上も許されなくなってきました。

では、内製化を企業が目指した場合に、どのようなソリューションや選択肢があるでしょうか。代表的なセキュリティ監視のモデルとしては内製化、ハイブリッド、外部委託の3つに分類できますが、結論からするとハイブリッドの運用体制でバランスをとることでセキュリティ運用監視の強化と業務効率性を高めることができると考えます。

内製化を進めた場合には、セキュリティアナリストなど、専門性のある人材を社内で確保することが困難な状況に陥ります。また、セキュリティアナリスト個人への依存を脱却するには、セキュリティ情報を蓄積し、影響判断するためのセキュリティ技術基盤も自社で持つことになり、大きな投資と維持負担がかかります。大企業では人材を抱えて、維持負担もできるかもしれませんが、そのような企業はごく少数にとどまり、多数は内製化を目指すと目的を達成する前にうまくいかない状況に陥ってしまいます。

一方、外部委託で進めた場合には、先ほど述べたように内部関係者からの情報漏洩やセキュリティ事故の調査を外部に委託するには、その調査の機密情報や事故情報を扱うことになるので開示できる情報に制約があります。また、個別社員への調査依頼や経営層への報告など外部委託では代替できない内容も対応事項として出てきます。説明責任というのは、どうしても自社にあるので、外部委託すると業務効率も悪化します。

それではハイブリッドの運用体制で外部委託する範囲を見定めるための考慮点について説明します。インシデント対応プロセスのうち、外部委託と内製化で比較すると表のような差異があることが整理できます。緊急性が高くなりスピードある対応が求められる関係者連絡、暫定対応の実施などに内製化のセキュリティ監視対応を集中し、専門性が高いことは効率性が高い外部委託に任せられることが1つの考え方として挙げられます。

●運用効率性の比較

内容	SOC外部委託	SOC内製化
アラート検知	高い	低い
	サービスで提供可能	24/365監視体制が困難
調査	高い	低い
	偵察段階からの早期調査	早期発見が遅れる懸念
分析	高い	低い
	アナリストによる分析	専門的な知識が必要
関係者連絡	低い	高い
	企業内環境の知識が必要	業務知識をもとに対応
暫定対応	低い	高い
	ガイドのみで実作業は別ベンダー	システム変更の権限あり
改善対応	高い	低い
	類似事例からガイド可	知見、経験が不足しがち

統合SOCという考え

SOCの外部委託はシステム運用を担うチームにより、ソリューションやベンダー選定が行われてきた経緯をたどっている企業が多く、業務システムやインターネット接続システムあるいはネットワークセキュリティ、エンドポイントセキュリティなどシステム単位で監視運用されているケースがあります。しかしながら、ゼロトラストアーキテクチャの導入に着手したことによって監視対象、チェックポイントが拡大し、あるいは情報セキュリティ統括部門への権限集約が組織内で進むにつれて、企業が抱える悩みとして次のような声が上がっています。

- 既存SOCをバラバラに運用しているので統合したい
- クラウドやリモートワークなどの社外インフラもオンプレと合わせて監視をしたい
- ITだけでなく、デジタル機器のIoT(Internet of Things)や工場のOT(Operational Technology)などの対策や監視運用を検討したい
- 海外まで含めたグローバルでの監視運用を見直したい

これらの期待に対して全社横断的なセキュリティ運用監視をする解決策となるのが統合SOCという考えになります。

分散されたセキュリティ管理の対象コンポーネントを一元管理するためにSIEM(Security Information and Event Management)によるログ集約と分析のソリューションがあります。SIEMにイベントログを収集して、情報を紐付けていくことで、バラバラの観測点を線で結びます。集積したデータに対して、外部攻撃の情報や情報漏洩シナリオとの関連性を分析してアラートとして検知します。また、ダッシュボードにより人が理解可能な形で可視化して統合的なセキュリティ監視を可能にします。

構築したSIEMはSOCによる24/365サービスでリアルタイムに監視をすることで予兆的な振る舞い、緊急で対応すべき脅威を早期に検知していくことで被害に遭う前に侵入を防ぐことができます。また長期保管したデータはセキュリティポリシーに対しての遵守状況などのコンプライアンスレポート、監査対応などにも活用します。

複数のサブシステムやグループ会社をまたがった、大規模な統合SOCの環境下では、すべてのログを1つのSIEMに保存するのではなく、複数のSIEMでログ保存を階層化して、必要な用途に分けてアーカイブする方法に変え、それぞれを疎結合、密結合に構成する統合モデルも考えられます。

●SIEMの主な機能

機能	説明
ログ収集	複数の監視対象コンポーネントからのログの収集
イベント相関分析	イベント分析と関連性の紐付け
アラート検知	イベントの自動検知とアラート通知
ダッシュボード	イベント情報をグラフなどに可視化して表示
コンプライアンスレポート	セキュリティポリシーの遵守、違反についてのレポート
ログ保管	監査対応などで必要となるログの長期保管

運用自動化の価値

ゼロトラストアーキテクチャを導入すると監視対象、チェックポイントが拡大していくため、セキュリティ運用業務の負担を増大させます。SOCによるセキュリティ監視も個別監視から統合監視に変化しています。そのため、統合ログ管理としてSIEMソリューションの導入だけではなく、SOAR(Security Orchestration Automation and Response)の活用が期待されるようになってきました。SOARはセキュリティ設定の適用、対応を自動化する機能です。

SIEM製品はSOARの機能を使って、自動化により初動対応を早くし、SOCの運用負荷を下げることができます。たとえば、EDR(Endpoint Detection and Response)によってアラート検知された後に、人手によってチケットの起票、トリアージュと分析、対応をするのではなく、この一連の作業を自動化することで効率化を図ります。SOCのセキュリティアナリストを介さずに、過去と類似あるいは同一と疑いの余地がほとんどないイベントであれば、対応作業のプレイブックを自動化しておくことで、インシデント対応が完了します。自動化できる作業としては、マルウェアが疑われるメール添付ファイルの自動隔離、EDRによるPCの自動隔離、NW機器のポート遮断などがあります。

セキュリティイベントにはSOCから緊急アラートとしてCSIRTに通知し、アクションが必要なものと、そうでないものがあります。「検知すべきイベントかどうか?」「検知したか?」ということで、フォールスネガティブ(False Negative)という用語があります。イベントの特性を下表のように分類して定義することができます。

運用自動化で重要なことはフォールスネガティブを出さないようにすることです。フォールスネガティブは検出すべきイベントが発生していても、それを検出できず検知漏れとなることです。

●セキュリティアラートの種別

アラート種別	検知すべきイベントか?	検知したか?
トゥルーポジティブ(True Positive)	はい	はい
トゥルーネガティブ(True Negative)	いいえ	いいえ
フォールスポジティブ(False Positive)	いいえ	はい
フォールスネガティブ(False Negative)	はい	いいえ

一方、トゥルーポジティブやトゥルーネガティブは正しくイベントを判定しているので問題ありません。また、何でも検知するようにSIEMやEDRでユースケースやルールを設定してしまうと、過検知や誤検知によるフォールスポジティブ(False Positive)が多発して、都度、人的な判断が入り運用負荷が高くなってしまいます。これでは安全を優先するあまり、コスト的な問題が起きてしまいます。

フォールスポジティブに対する運用負荷の軽減には運用手順の定型化、自動化することであり、セキュリティアナリストの高度な分析なく判定することです。そのソリューションがSOARやUEBA(User and Entity Behavior Analytics)です。UEBAは機械学習やディープラーニングの技術になります。

脅威インテリジェンス情報の活用

サイバー攻撃の予防対策に企業内でとれるものとして、脅威インテリジェンス情報があります。これまでゼロトラストアーキテクチャでの防御を強化する対応にはクラウド、エンドポイント、ネットワークのセキュリティソリューションを導入し、SOC、SIEM、SOARによる運用監視の強化などを挙げましたが、ここでは予防対策として有効な脆弱性情報、攻撃情報を事前に把握し、その対応を図ることの効果について説明します。

サイバー攻撃の攻撃手法をステップ分けしたサイバーキルチェーンの概略は下図になります。

●サイバーキルチェーンでのシフトレフト対策

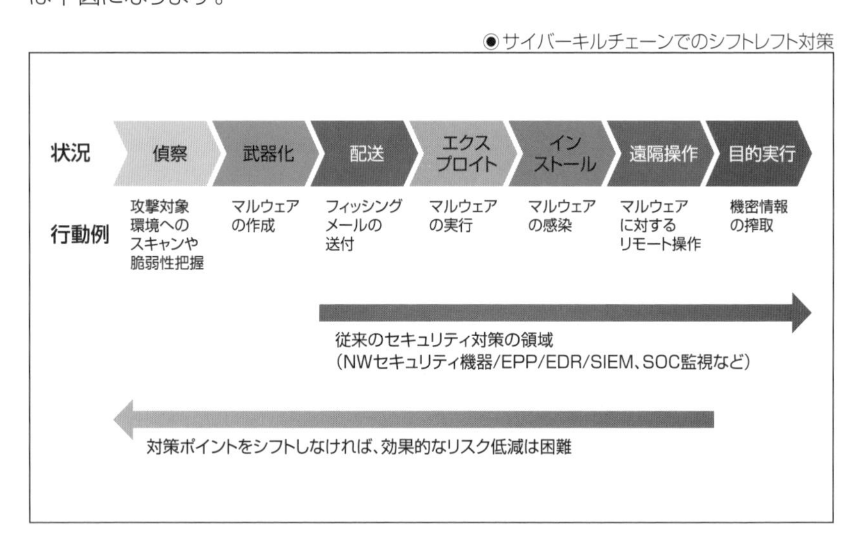

この一連のサイバー攻撃のステップにおいて侵入防御を考えていた従来のセキュリティ対策から、予防対策まで広げることをシフトレフトといいます。日本語にすると左側に移すということになりますが、これは図の左側に対策ポイントを移すことを意味します。具体的にはサイバーキルチェーンのステップでは偵察、武器化が該当し、ここに対策ポイントを移して効果的なリスク低減を図ることを目的とします。

攻撃者の偵察段階において、ランサムウェアの侵入に使用されるような自社の脆弱な攻撃対象領域を攻撃発生前に把握することで、攻撃の初期フェーズで対策をとり容易な侵入を許さないようにします。攻撃対象領域の不適切な管理としては、たとえばクラウド推進によって利用が増えているLOB(Line of Business)主導によるシステムがあります。多くの企業では情報セキュリティ主管部門が把握できていないセキュリティ対策の不十分なシステムがあり、攻撃者によってインターネットから偵察可能でシステムに脆弱性が潜んでいることがリスクとなっています。

また、ハッカーの偵察行為などの前段階の武器化を図っている段階で予兆を検知・把握することで、インシデント発生前の早期検知・対処を実現することができます。最近のハッカーによるサイバー攻撃の脅威は特定の企業にとどまらず、国家や業界、業種を狙ったものも増大しています。それら自社と関係する属性を標的とした攻撃者と攻撃手法を特定することで対策を図ります。

脅威インテリジェンス情報の入手方法としてはOSINT(Open Source Intelligence)、MITRE ATT&CK(Adversarial Tactics, Techniques, and Common Knowledge)など外部公開されている情報および脅威インテリジェンス情報を提供するセキュリティベンダーからサービスを受ける方法があります。これらの脅威情報をセキュリティ対策として活用することに着目する企業が増えてきています。

セキュリティ攻撃を受けないためには、防御することが基本ですが、脆弱性管理を適切に運用で実施することであらかじめ欠点や弱点をなくし、攻撃者に狙われ難くしておきます。脆弱性・脅威情報を把握する上で管理すべき項目の例としては攻撃対象の情報と攻撃者の情報の2つがあります。定常時の運用作業としてセキュリティ主管部門で攻撃対象となり得る稼働中のシステム情報を一元管理し、攻撃者の情報から得られた攻撃手法や推奨対策をシステム運用部門やLOB部門へ報知とリスク対応を促しておくことがサイバー攻撃を未然に防ぐことにつながります。

◉攻撃対象の管理情報(例)

管理項目	内容
サブシステム名	サブシステムの名称
サブドメイン名	DNSによる名前解決が可能な外部に公開しているサブドメイン
グローバルIPアドレス	インターネット接続のIPアドレス
ソフトウェアバージョン情報	使用ソフトウェアの最新バージョン情報
スキャン結果	脆弱性診断、ペネトレーションテスト、アクティブフォレンジック、脅威インテリジェンスなどから得られている診断内容
存在する脆弱性	抽出された脆弱性および指摘事項
推奨対策	推奨される対策

◉攻撃者の管理情報(例)

管理項目	内容
攻撃者情報	サイバーテロリスト、ハッカーグループなど脅威アクターの情報
攻撃の目的	機微情報の搾取、製品設計情報の窃取など
ターゲット業界・組織	標的攻撃のキャンペーンに係る情報
攻撃手法	個人へのフィッシング攻撃、システム脆弱性の悪用など
推奨対策	推奨される対策

SECTION-23

個別機能の運用管理

ゼロトラストアーキテクチャを構成するコンポーネントの運用について参考モデルに従って、ID&アクセス、デバイス、ネットワーク、アプリケーション、データの5つの機能ごとに運用管理について説明します。

ゼロトラスト成熟度モデル

米国連邦政府のCISA(Cybersecurity and Infrastructure Security Agency)のゼロトラスト成熟度モデルとして、ゼロトラストアーキテクチャ(NIST SP800-207)を踏まえたゼロトラスト移行の戦略や実装計画のためのロードマップの参考モデルがあります。その基本構造は5つの機能と3つのケーパビリティに体系化されています。このモデルで定義されたそれぞれの機能を切り口にして、セロトラストアーキテクチャにはどのような運用管理があるのか説明します。

●米国連邦政府のCISAのゼロトラスト基礎構造

5つの機能	ID&アクセス	デバイス	ネットワーク	アプリケーション	データ
3つのケーパビリティ	可視化と分析				
	自動化とオーケストレーション				
	ガバナンス				

※出典:「Cybersecurity and Infrastructure Security Agency Cybersecurity Division」、『Zero Trust Maturity Model Pre-decisional Draft June 2021 Version 1.0』

ID&アクセスの管理

ゼロトラストアークテクチャの導入によってIDがなければ企業内のネットワーク、クラウドサービス、アプリケーション、データにはアクセスできなくなり、IDによる認証と認可の仕組みがセキュリティの要として機能するようになりました。ユーザー認証でのセキュリティリスクとして、メールアドレスやパスワード情報が漏洩し、なりすましによってあたかも正常なアクセスを偽装されてしまうことが挙げられます。

特に攻撃者にはIDとパスワード情報は侵入するための格好の標的になり、不正な情報漏洩を防ぐにはID管理、特権ID管理の運用は非常に重要になります。

ID管理の運用にはユーザーのオンボーディング、オフボーディングに伴って、ID追加・停止・削除などワンタイムで実施するものがあります。また、初期パスワードの発行、パスワードリセットなど認証に必要な情報の管理作業もあります。認証システムでは他にも多要素認証をするためのツールやデバイスも運用対象となります。これらの運用はユーザー問い合わせを受け付けるヘルプデスク業務と連携することが多くあり、ユーザー対応の一部も運用作業となります。

また、個別システムごとの運用としてアプリケーション、データに対してのアクセス権管理があります。機密性の高いデータを扱うシステムでは、攻撃者によるなりすましや内部からの情報漏洩の対策として実行操作もしくは画面キャプチャーなどのログを取得して、管理します。インシデント調査、監査対応のエビデンスとして、もしくは、不正なユーザー操作への抑止力としての効果が期待できます。

◉ID管理の主な運用管理項目

項目	内容
ID登録	IDの登録・削除、およびパスワードリセットも含む
ID払い出し管理	申請・承認に基づきIDを使用可能にして払い出し。必要最低限の権限を付与
承認ワークフロー管理	ID使用者が承認者に対し承認依頼を送付、承認者が承認し、アクセス許可を得る、という流れの承認ワークフロー
ログ管理	ID利用記録、操作記録(動画、画面キャプチャ、テキスト)
ID情報抽出	未利用ユーザーの抽出、レポート作成、ユーザーからの照会結果の連携
ID管理台帳	ID情報の台帳管理

デバイスの管理

エンドポイントデバイスのセキュリティ対策ソリューションとしては、アンチウィルスソフトウェアのEPP(Endpoint Protection)、次世代アンチウィルスとしてAIによる機械学習機能を実装したEDRが代表的なものとして挙げられます。EPPもEDRもエンドポイントでサービスが稼働するには、まずはエージェント配布の運用が初期作業にあります。また、EPPの運用では既知のマルウェアを静的分析で検知する能力を維持するために、最新のシグネチャファイルを適用することが重要な運用管理になります。

シグネチャファイルの運用管理には自動配布の仕組みの運用や古いシグネチャファイルのままで取り残されている端末の洗い出し、ユーザーへの報知や手動によるアップデート対応などがあります。シグネチャファイルの更新頻度も月に数回発生するなどするため、管理対象の端末をすべてアップデートした状態に精度を上げるには運用負荷もかかります。

EDRの運用ではEPPでの検知をすり抜けるゼロデイ攻撃などを振る舞いから動的分析するので、本来はユーザー操作による正常動作の事象の誤検知や過検知も多く発生します。その運用効率化のためには無影響のものについてはホワイトリストへの登録、影響があるものについてはブラックリストへの登録およびイベントルールの登録など人を介しての運用作業が必要になります。また、EDRは疑わしい動作に対して自動隔離や自動遮断などの措置機能も有するため、その自動実行を判断するポリシー設定のチューニングも運用作業として伴います。

最近では第3世代アンチウィルスとして未知のマルウェアにも対応できるように深層学習を実装したソリューションも出始めています。これは既知のマルウェアのシグチャを作成して防御するのではなく、脅威の特徴から静的解析と振る舞い解析の多層防御をするソリューションで、エンドポイントのシグネチャのアップデート作業も頻度が月に数回から半年に1回程度に飛躍的に少なくなり、リスク検知精度の大幅な向上だけではなく、運用負荷も大きく軽減することが期待できます。

ネットワークの管理

ゼロトラストアーキテクチャによってネットワーク管理も複雑になりました。従来のインターネットファイアウォールやWebプロキシ、ロードバランサーといったネットワーク機器だけではなく、内部のルーターやスイッチに至るまで、セキュリティの監視対象は拡大しています。そのため、ネットワーク機器にもNDR(Network Detection and Response)を導入して、通常トラフィックとは違う振る舞いからのアラートをSOCで監視するような対応も求められるようになってきています。

一般にネットワーク管理でのセキュリティ運用としては、機器およびポートの死活監視、ACL管理、ポリシー管理、シグネチャ管理、SSL証明書の管理、IPアドレス台帳管理、DNS管理などがあります。また、プロキシ機能を提供するSWG(Secure Web Gateway)、セキュリティアプライアンス機器はホワイトリスト、ブラックリストの管理も発生します。

ネットワーク管理は専門性のあるエンジニアが必要とされますが、その作業は今後も増える傾向にあり、運用管理を自動化して効率化を図ることは、システム運用の課題となっています。たとえば、自動化できる運用管理の領域として次のようなものがあります。

- 定常運用時は自動で情報収集してネットワークトポロジーをグラフィカルに可視化する
- 変更作業時は自動化プロビジョニングツールを使って手作業を排除し、管理機器に対して自動でConfigを適用する
- 障害時のSOCアラート検知からインシデント対応まではSOAR、UEBAにより問題切り分けや隔離、遮断の対応まで自動化する

ネットワークのセキュリティ対策を推進するには、その前提としてネットワークの運用管理の自動化推進は必須になっています。運用過負荷でセキュリティ対策とのバランスが崩れて破綻しないように、運用自動化も同時に実施することが重要です。

COLUMN

SOCとNOCは統合できるのか?

セキュリティ監視をするSOCがセキュリティベンダーよりMSS(Managed Security Service)でサービス提供される一方で、システム基盤のオペレーションセンターとしてはNOC(Network Operation Center)が存在します。それぞれ監視対象、サービス内容およびセンターで業務に従事しているエンジニアの専門性が異なることが要因となって、多くのシステムの現状は別々のセンターから監視しています。

しかし、監視対象がミッションクリティカルなシステムともなれば、24時間365日の有人による運用体制が求められます。監視対象はオンプレ、ハイブリッドクラウド、マルチクラウドと増えるのに伴って、その人的なコストの増加を抑えるための考えとしてSOCとNOCを統合して監視できないかという話を、ユーザーから聞く機会があります。

SOCとNOCの統合化はNOC側にセキュリティ監視の仕組みを取り込み、お客様窓口となるフロントエンドはNOCのオペレーターで受付業務、連絡業務を共通化し、セキュリティアラート発生時に専門知識が必要なインシデント分析をするアナリストを配置する体制を構築するほうが24時間365日の監視体制を容易に組むことが可能になると考えます。また、コスト効率化の観点のみではなく、サービスレベルの向上にも効果があります。セキュリティ監視は単独のサービスよりも、ネットワークやインフラ、そしてクラウドと統合監視する方が、インシデント対応と復旧の場面でもワンストップで影響範囲の切り分け、原因調査と復旧作業が進み、早期解決にもつながります。

●SOCとNOCのサービス比較

項目	SOC	NOC
監視対象	セキュリティ	ネットワークおよびインフラ
サービス内容	インシデントの監視 アラート分析と対応ガイド	システム基盤の運用監視 障害対応と復旧
要員	セキュリティアナリスト	ネットワーク、インフラエンジニア

アプリケーションの管理

アプリケーションはデータにアクセスするインターフェイスとなるので、攻撃者もその特性をついたデータの搾取を狙っています。アプリケーションのセキュリティ管理としてはWAF(Web Application Firewall)によるマルウェア攻撃からの防御があり、WAFの管理もアプリケーションに関連した運用作業となります。WAFもクラウド型でSaaSとして提供される形態が多く、その場合、運用管理はマネージドサービスとなることから、企業側の運用作業負荷は軽減されるようになりました。

クラウドネイティブのアプリケーションになると、DevSecOps(Development Security Operation)という考え方に変わってきます。システムの開発と運用が分離されたプロセスから、一体となって開発の高速化、自動化が進み、DevOps(Development Operation)での開発と運用にセキュリティ対策を組み込んだプロセスとなります。

ここで従来と大きく違う点は開発局面でのセキュリティ対策のアプローチで、アプリケーションのビルドの時点で脆弱性管理と設定チェック、SAST(Static Application Security Testing)によるソースコードに埋め込まれたセキュリティ脆弱性の発見と修復をすることです。これによって、開発の早期に問題があることが判明し、その対策を施すことで、影響範囲を局所化することができて、関連チームをまたがった対応が必要となる前段階での修復を可能にします。

●DevSecOps開発・運用サイクルでのセキュリティ対策

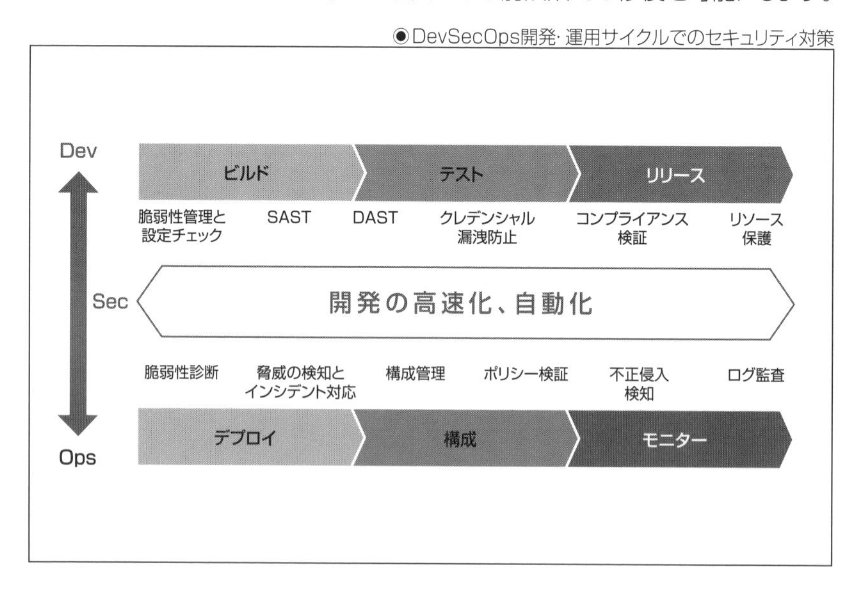

COLUMN

定期的なセキュリティ診断テスト

インターネットに公開するシステムではセキュリティ診断テストを実施することで、セキュリティの脆弱性を発見し、システムで対策、改善対応をすることでリスクを軽減します。特に顧客対応のシステムでセキュリティインシデントが発生する事態となったときは社会的な影響も大きく、防御するシステム側も予防のための定期点検をしておくという考えは重要です。

攻撃の手口やマルウェアは次々と改良され変化していくので、システム開発のプロジェクトで初期テストのみ計画するのではなく、定常運用でもセキュリティ診断テストを定期的に計画することが、攻撃からの予防対策につながります。

セキュリティ診断テストには脆弱性診断、ペネトレーションテスト、AST(Application Security Testing)などがあります。システムインフラだけではなく、アプリケーションやランタイム環境の脆弱性診断を含めて、テストの対象とすることがセキュリティの弱点を作らないことになります。

また、RASP(Runtime Application Self Protection)はテストで試行する手法ではなく、アプリケーションサーバーにデプロイしてリアルタイムにアプリケーションの脆弱性をモニタリングしてセキュリティイベントを通知します。開発と運用を常時反復するようなDevOpsでは、本番運用後にも脆弱性を分析するツールとして役立ちます。

セキュリティ診断テストにも種類が複数あるので下表で紹介します。

●セキュリティ診断テストの種類

テスト種別	対象	手法	診断される項目例
脆弱性診断	インフラコンポーネント(ファイアウォール、ネットワーク機器、サーバー、端末)	ポートスキャン	危険なポート、パッチ適用状況、不適切な設定、SSL証明書の状況、アカウント権限
ペネトレーションテスト		攻撃パターン試行	ポートスキャン、サービス検知、バックドア攻撃、リモートシェル攻撃、DoS(Denial-of-Service)攻撃
SAST	アプリケーションソースコード	ホワイトボックス分析	ソースコードのコーディング、バイナリー、デザインの状況
DAST[1]	アプリケーション	ブラックボックス分析	実行されるWebアプリケーション、ランタイム環境
IAST[2]	アプリケーション	静的、動的の混合分析	アプリケーショントラフィック、実行フロー
RASP	アプリケーションランタイム環境	アプリケーションサーバーにデプロイ	SQLインジェクション、コンテナ、JVM Runtime

[1]：DASTはDynamic Application Security Testingの略
[2]：IASTはInteractive Application Security Testingの略

データの管理

情報漏洩リスクから守りたいデータの対象には個人や顧客データ、業務データ、アプリケーションおよびシステムデータなど種々存在します。その対象によってセキュリティ対策として導入するソリューションも違っており、それに関連した運用も発生します。

個人や顧客データ、業務データなどの機密性の高いデータを守るためのソリューションとしてはIRM(Information Rights Management)やDLP(Data Loss Prevention)があります。前者は機密情報を暗号化し、後者は機密情報が漏洩する経路を遮断することで、データを保護します。データ保護のライフサイクルとしては下表の4つに分類されて、このライフサイクルにおけるデータに対してのアクセス制限管理、監視システムによるモニタリング、異常や違反に対してのユーザーへの通知、問題発生時のログ調査と証跡管理といった運用があります。

アプリケーションプログラムやシステムデータは、個別データより大きな単位でのデータ保護が必要になり、ソリューションとしてはストレージでの暗号化やバックアップなどがあります。ストレージ暗号化の運用では認証キーの管理、バックアップ運用は自動バックアップのジョブ管理、バックアップサーバー、ストレージおよびテープライブラリーなどのシステム管理があります。

●データ保護のライフサイクル

ライフサイクル	内容
検出(Discover)	機密情報が含まれていないかを検出する
分類(Classify)	機密情報の内容をもとに分類とラベル付けをする
保護(Protection)	ラベル付けに対応した保護レベルを適用する
監視(Monitor)	保護された機密情報を監視する

COLUMN

バックアップによるランサムウェア対策

ランサムウェアの被害を受けたときの復旧方法として、システム障害やデータ破損のために取得していたバックアップからデータをリカバリーする方法がありますが、そのバックアップデータも攻撃者に暗号化されてしまっていれば、最後の頼みの綱が復旧に使えないケースも最悪の事態として想定されます。そのランサムウェア対策としてのバックアップソリューションの考え方を紹介します。

米国CISAが運営するUS-CERT(United States Computer Emergency Readiness Team)が2012年に、バックアップをする際に守るべき3-2-1ルールを提示しましたが、ランサムウェア対策に有効なため、近年、バックアップルールとしてシステムの非機能要件に取り入れる企業が増えています。バックアップのコピーは3つ取得して、そのうち2つは異なるメディアに保管、さらに1つはオフサイトにコピーとして持つというものです。この方法はエアギャップともいわれています。

◉3-2-1ルールによるバックアップ

それではバックアップはこれで完璧かというと、実はまだ不完全です。それはバックアップ管理サーバーやバックアップデータもランサムウェアに狙われて、攻撃者に暗号化されてしまうリスクがあるからです。そこで、バックアップの保持方法としてWORM(Write Once Read Many)バックアップがあります。WORMは一度書き込みされたデータを読み取り専用にして、変更ができない永続的なデータとして保持します。

また、これでもコピー元のデータがランサムウェアの被害に遭ってしまっていると、コピー先のデータも同じ状態になってしまうということで、永続バックアップでデータを保管するという方法も提供されるようになりました。通常のシステム的なデータ破損から復旧するためのバックアップでは3世代、7世代などのサイクルで取得していたのが、ランサムウェアの攻撃は数カ月、長いと複数年にわたります。これに対応するためにバックアップを毎日取得したとして約3年分で1000世代以上のバックアップをサポートするように技術も進歩しています。永続バックアップは初回のみフルバックアップを取り、以降は差分データのみバックアップを取得すること、また、データの重複排除と圧縮機能によって、必要とするコピー先の容量の肥大化を抑えて、コスト面でも受け入れられる実装ができるようになってきました。

最後に永続バックアップがあったとしても、実際にランサムウェアの被害から復旧するには、いつのバックアップまでさかのぼればクリーンなデータとして復旧できるのかというリストア作業での問題が残ります。前日から始めて、結果的に数カ月前のバックアップでクリーンになったなどでは復旧に要する時間が長期化してしまい、検証作業のコストも膨大です。

そのため、最新のバックアップソフトウェアやストレージソリューションでは、バックアップ機能で振る舞い検知をすることもできるようになってきています。通常運用におけるバックアップジョブでの動作と違う場合に、異常値として捉えてアラートとして検知する方法です。たとえば、通常時は変更されないファイル領域に変更があった場合、あるいは差分データ量が極端に大きくなった場合など、異常を早期に検知する仕組みを併せて持つことでランサムウェアの復旧対策として万全に備えることができます。

SECTION-24

本章のまとめ

ゼロトラストアーキテクチャによって複雑化、変化するセキュリティ運用について前半は組織、プロセスと人に関連してその在り方や考えを説明し、後半は5つの機能ごとに運用管理やソリューションについて解説しました。本章を理解することで、ゼロトラストアーキテクチャの運用について体系的に考えること、運用管理に関わる技術的な知識を身に付けることにお役立てください。

CHAPTER 06
ゼロトラストアーキテクチャの理想と現実

本章の概要

前章で説明したようにゼロトラストアーキテクチャの概要、技術要素は多岐にわたり、導入は容易ではありません。残念ながらゼロトラストアーキテクチャの誤解が推進の障壁となる場合もあります。この章ではゼロトラストアーキテクチャを現行のインフラストラクチャーにいかにして取り組むべきか、また、推進のポイントと導入の障壁などについて事例を交えて説明します。

SECTION-25

ゼロトラストアーキテクチャの理想と現実

ゼロトラストアーキテクチャはセキュリティ対策のパラダイムシフトともいえます。最近ではゼロトラストアーキテクチャ(ゼロトラスト)というキーワードがバズワードになるほどさまざまな場面で聞くことが増えています。そのため、多くの企業でゼロトラストアーキテクチャを採用する動きがあります。

しかし、組織の60%は、セキュリティの出発点としてゼロトラストアーキテクチャを採用するが、その半数以上がゼロトラストアーキテクチャのメリットを得られず失敗するというデータもあります。

ゼロトラストアーキテクチャ(ゼロトラスト)はセキュリティの新しい手法やフレームワークに過ぎません。そのメリットを享受するには、利用者(ユーザー)の意識を含めた変化と転換、そしてゼロトラストアーキテクチャをビジネス目標と結び付ける明確な方針が必要になります。その点をしっかりと押さえておかないと、ゼロトラストアーキテクチャのメリットを享受することはできません。

ただ流行りだからゼロトラストアーキテクチャを採用するのではなく、明確な目標を立てることをおすすめします。

SECTION-26

ゼロトラストアーキテクチャの誤解

ゼロトラストアーキテクチャがバズワード化しつつあることは先に述べた通りですが、キーワードが浸透するにつれて誤解も生じています。代表的な誤解について説明します。

境界防御は悪なのか?

ゼロトラストアーキテクチャの話をしているとよく聞くキーワードがあります。それは「ゼロトラストアーキテクチャは境界をすべて払拭する必要があるので、当社には無理ですよ!」というものです。信じられないかもしれませんが、事実としてこのような意見は聞きます。これは、間違った情報がもとになっていると思われ、一部のベンダーでは、まるで境界防御が悪であるような表現をしているケースもあります。

境界モデルが悪ではなく、それだけに頼るなといっているのがゼロトラストアーキテクチャです。NIST SP 800-207でも、いますぐ境界モデルを払拭せよとは記述されていません。あくまでも、境界防御だけでは高度なサイバー攻撃には対策として不十分であり、境界防御に加えて、新たな対策を取り入れたのがゼロトラストアーキテクチャです。境界防御と共存しながら、境界防御に依存することなく、さらに検証をして信頼された状態にすることです。

むしろ、ゼロトラストアーキテクチャの高度な認証の仕組みと境界防御を組みわせることにより、より強度の高いセキュリティが実現できます。

なお、金融機関など一部の業界では技術面、規制面を考慮する必要があり、その規制を無視してまで基幹システムをインターネット上にさらす必要はありません。あくまでも適用可能な範囲からゼロトラストアーキテクチャを導入すべきであり、それには既存の境界防御との共存、棲み分けが必要です。

ゼロトラストアーキテクチャはコスト削減になる?

ゼロトラストアーキテクチャを導入すればコスト削減につながるという話もよく聞きます。残念ながらゼロトラストアーキテクチャを導入しただけではコスト削減にはなりません。ゼロトラストアーキテクチャは新しい技術を含むため多くの場合で新しい投資が必要になります。

ゼロトラストアーキテクチャを採用することで、重複するセキュリティ機能を棚卸し、無駄をなくすことや、オンプレミス装置の運用コスト削減、自動化により稼働削減、そしていままでできなかったことができるようになることによる生産性の向上や高度なセキュリティ対策によるサイバー攻撃からの防御などから損失削減など、合わせて全体のコスト削減効果を見ていく必要があります。

すべてクラウドに移行しなければならない?

すべてのシステムをクラウドに移行することは理想ではありますが、ゼロトラストにおいて必須ではありません。大事なのは境界の中なら安全だという概念を払拭し、オンプレミス、クラウドにかかわらず、すべての通信を検証することです。「すべてをクラウド化」ではなく、「すべて信頼しない」がゼロトラストの基本になります。

ゼロトラストアーキテクチャを実現するパッケージがある?

何か1つのソリューションやパッケージを導入することでゼロトラストアーキテクチャを実現できるものではありません。認証をクラウド化する、ネットワークを見直す、VPNを新しくするというのはどれも大事なことではありますが、ゼロトラストではそれらのシステムと連携が重要になります。一部分の機能だけで実現できるものではありません。

後述の課題でも説明しますが、複数の異なるシステムとの親和性、整合性も考えて全体像を描いていく必要があります。

COLUMN

プリンター複合機の扱い

GoogleやMicrosoftなどの大手IT先進企業ではすでにゼロトラストアーキテクチャを取り入れているといわれています。しかし、最後までゼロトラストアーキテクチャを適用できなかったリソースがあるそうです。それは、プリンター複合機です。プリンター複合機は認証エージェントを入れることもできないですし、印刷物は社外秘情報が多いでしょうから、パブリックのプリンターで印刷するわけにもいかず、ゼロトラストアーキテクチャ化は難しいといえます。解決策としてはペーパーレスくらいでしょうか。

SECTION-27
ゼロトラストアーキテクチャ導入の課題

ゼロトラストアーキテクチャの理想と現実、そしてゼロトラストアーキテクチャの誤解について説明してきましたが、実際にゼロトラストアーキテクチャを導入しようとするとさまざまな課題に直面することになります。業種や団体によって直面する課題はさまざまですが、代表的な課題については米国国立標準技術研究所(National Institute of Standards and Technology = NIST)が公開しているNIST SP1800-35で取り上げられており、これからゼロトラストアーキテクチャを導入する企業にとっては参考になります。

NIST SP1800-35とは、ゼロトラストアーキテクチャの実装について意見募集をしたものです。これは執筆時点では初期ドラフト版となっており、課題と方向性の確認がポイントなっています。それらの課題を紐解き、筆者の経験からゼロトラストアーキテクチャ導入のヒントを説明します。

- NIST SP1800-35(Draft)

  URL https://csrc.nist.gov/publications/detail/sp/1800-35/draft

保護が必要なビジネスアプリケーションや資産を明確にできていない

「保護が必要なビジネスアプリケーションや資産を明確にできていない」という課題の原文は下記の通りです(以降、日本語訳は筆者)。

> Lack of adequate asset inventory and management needed to fully understand the business applications, assets, and processes that need to be protected, with no clear understanding of the criticality of these resources
> (保護が必要なビジネスアプリケーション、資産、プロセスを完全に理解するために必要な、適切な資産目録と管理の欠如、およびこれらのリソースの重要性について明確な理解がない。)

これは、組織が保有する情報資産が台帳や目録などで管理されていないため、何を守れば良いのか、さらに、その情報資産の重要度、機密度そして、それらがセキュリティ上の脅威に晒されたときのビジネスインパクトなどが明確になっていないために、ゼロトラストアーキテクチャを採用したくてもどこから手を付けて、どこをゴールにすれば良いのか目標を見失っている状態といえます。

これを解決するには、たとえばISMSの取り組みなどで行う情報資産に対してのリスクアセスメントを見直すか、まだ取り組んでいないとするならば、この機会に実施してみることをおすすめします。

ゼロトラストアーキテクチャの観点では情報資産についてデジタル媒体のみを対象としており、ISMSで一般的に言われる紙媒体などの情報資産は資産目録としては不要です。

情報資産を棚卸して、脅威、脆弱性、リスクなどを明確にした上で、保護が必要なビジネスアプリケーションなどに対してゼロトラストアーキテクチャの採用により、より強固なセキュリティ対策を目指して取り組んでみましょう。

やみくもにゼロトラストアーキテクチャを採用することは目標を見失いがちとなり効果測定も難しく、おすすめできません。

保護対象のアプリケーションやサービスを使うユーザーを特定できていない

「保護対象のアプリケーションやサービスを使うユーザーを特定できていない」という課題の原文は下記の通りです。

> Lack of adequate digital definition, management, and tracking of user roles across the organization needed to enforce fine-grained, need-to-know access policy for specific applications and services
> (特定のアプリケーションやサービスに対するきめ細かいアクセスポリシーを適用するために必要な、組織全体のユーザーに対する役割の適切なデジタル定義、管理、追跡が欠如している。)

情報資産に対するアクセス管理を実施したくても、組織が保有する情報資産は誰が利用するのかというアクセス権の付与ルールが明確になっていないと、適切なアクセスポリシーが適用できません。

ゼロトラストアーキテクチャではリソース単位でアクセスごとに認証・認可が求められるので、適切なデジタル定義が必要となります。また、社員の働き方が多様化し、柔軟な働き方が求められる中、よりユーザー視点に立った検討も必要です。

そこで、アプリケーションやサービスを使うユーザーをペルソナ像で表現し、ペルソナごとにデジタルワークプレース環境の最適化を検討するアプローチが有効です。

セキュリティ観点でのペルソナとは、ユーザーの属性、ロール(権限)、業務環境などをペルソナ像で定義することで、該当のユーザーの権限範囲、システム環境、業務特性などを整理することです。ペルソナが明確になっていれば、それに合わせて適切なアクセスポリシーを適用することができるだけでなく、日々のメンテナンスも容易になります。

◉ペルソナの例

	1.社員	2.派遣社員	3.業務委託者	4.業務協力者	5.業務関係者	6.運営
ペルソナ特性	雇用契約者(役員、スタッフ系、操業系、出向者、休職者)	派遣契約	業務委託契約	外注契約、再委任契約	業務システムを利用する可能性がある社外者	顧客
働く場所の特性(働く場所の自由度)	社内/社外	社内中心	限定エリアのみ	限定エリアのみ	限定エリアのみ	限定エリアのみ
働く時間の特性(働く時間の自由度)	主に就業時間内	主に就業時間内	主に就業時間内	不特定	不特定	不特定
働き方の特性	高度な判断業務	社内連携デスクワーク	社内連携デスクワーク	社内連携デスクワーク	搬入・搬出作業など	N/A
セキュリティ・レベル	極めて高い(経営情報)	高い(顧客情報)	通常レベル	通常レベル	通常レベル	通常レベル
使用者の特定	社員番号、氏名、所属、役職、メールアドレス、内線番号など	社員番号、氏名、所属、メールアドレス、内線番号など	一意の管理ID、氏名、所属会社、電話番号など	一意の管理ID、氏名、所属会社、電話番号など	一意の管理ID、氏名、所属、メールアドレス、電話番号など	一意の管理ID、電話番号、個人メールアドレスなど
デバイス	ラップトップPC、スマートフォン、タブレット	シンクライアント	デスクトップPC	タブレット	入庫管理システム	持ち込みPC
提供するITサービス	ペーパーレス会議システム	仮想デスクトップサービス	営業支援モバイルアプリ、仮想デスクトップサービス、携帯電話内線化(固定電話廃止)	仮想デスクトップサービス(在宅勤務利用者)	N/A	N/A
端末展開優先順位	3	2	1	4	1	1
設備関連	サテライトオフィス 携帯電話の内線化(固定電話廃止) フリーアドレス化	物理セキュリティ強化	N/A	N/A	N/A	N/A

保護対象のアプリケーションやサービスの全体像を把握できていない

「保護対象のアプリケーションやサービスの全体像を把握できていない」という課題の原文は下記の通りです。

> Ever-increasing complexity of communication flows and distributed IT components across the environments on-premises and in the cloud, making them difficult to manage consistently
> (オンプレミスやクラウドの環境において、通信の流れや分散したITコンポーネントがますます複雑化し、一貫した管理が困難になっている。)

多くの企業でクラウドの利用が拡大しており、単一のクラウドサービスだけではなくマルチクラウド利用が増えています。また、すべてのシステムをクラウド化する企業は稀であり、オンプレミス機器を含めたハイブリッド構成が一般的です。そのため、組織の中には異なる環境のシステムが複数存在し、通信経路の把握や構成管理、システム全体の把握が難しくなっています。その状態でゼロトラストアーキテクチャの採用はとても困難といえるでしょう。

ゼロトラストアーキテクチャの採用にあたり、まずはシステム全体を把握したいところですが、それを人海戦術で行うのは時間も労力もかかるので、ツールなどを活用して全体把握に努めるのもよいでしょう。

最近では、オブザーバビリティ(Observability)といった取り組みも増えています。オブザーバビリティ(Observability)とは、「Observe(観察する)」と「Ability(能力)」の組み合わせが示す通り、日本語では「可観測性」や「観察する能力」と翻訳されています。オブザーバビリティの取り組みでは、システム全体の状態を即時把握することにより、問題への迅速な初動対応を行えるほか、あらかじめ対象を決めて監視する、報告されるアラートから原因を特定するといった従来の手法とは異なり、あらゆるITコンポーネントからリアルタイムにデータを収集し、システム(サービス)全体を可視化する手法です。また、ユーザーに対するサービスレベルの維持も容易になります。

オブザーバビリティ(Observability)では、システム(サービス)全体を可視化することで、多角的な視点でセキュリティ上の問題点を洗い出すことができるため、その情報をもとに通信の流れや分散したITコンポーネントを把握することによって、ゼロトラストアーキテクチャの採用を進める近道になると思います。

◆オブザーバビリティについての補足

少し余談になりますが、オブザーバビリティ(Observability)について補足します。「観察する能力」とは具体的にどのようなことでしょうか。例として、統計学者エイブラハム・ウォールドの「生存者バイアス」を例にして説明します。次の絵は、わかりやすい生存者バイアスの図としてよく用いられます。

●第二次世界大戦の爆撃機の仮想的な損傷パターンの図

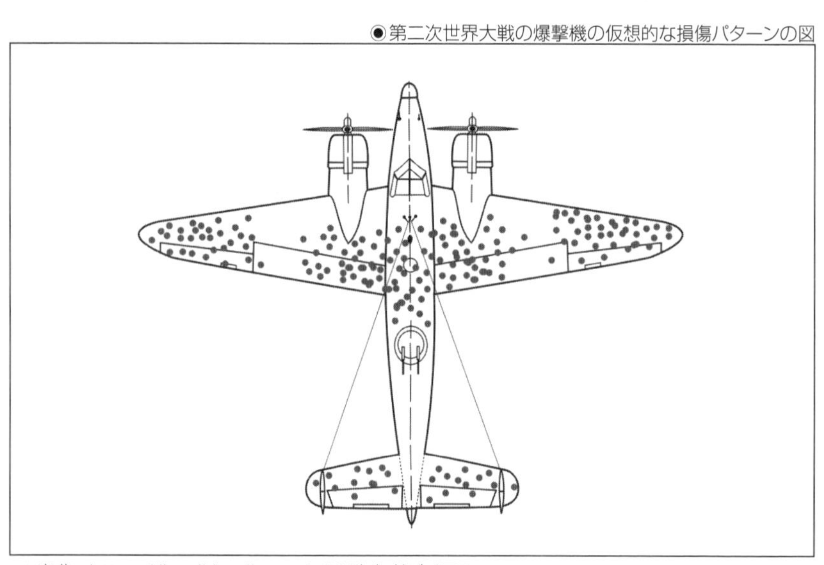

※出典：https://ja.wikipedia.org/wiki/生存者バイアス

これは、第二次大戦中に数学者エイブラハム・ウォールドが航空機の損失を最小限にするため、生還した航空機が被弾した箇所を研究したものです。第二次世界大戦中に戦地から帰還してきた戦闘機の図なのですが、無数の点は「帰還した戦闘機の多くが損傷していた部分」を表しています。この絵を見て、「戦闘機を強化してほしい」と依頼されたらどこを強化するでしょうか。点の部分を強化すると考えた方が多いと思います。

しかし、エイブラハム・ウォールドは「点がない、つまり損傷がなかった部位を強化する」と言いました。なぜ、そういう結論に至ったのでしょうか。大事なポイントは、この統計情報は帰還した戦闘機からしか得られていないからです。つまり、帰還できなかった戦闘機からは多く損傷した部位の統計は取られていません。要は点のある部位以外を損傷した戦闘機は一機も帰還していないという事実がこの統計データには隠されたメッセージとして示されているのです。そのため、エイブラハム・ウォールドは帰還した戦闘機が損傷を受けなかった部位を強化するべきだと考えたのです。

この事例は生存者バイアス(英語：survivorship bias、survival bias)」の好例として知られており、「何らかの選択過程を通過した人・物・事のみを基準として判断を行い、その結果には該当しない人・物・事が見えなくなること」といわれています。このように、ある一定の過程を通過できた対象のみを見て得られた事象のみに着目してしまうと、通過できなかった対象を見逃してしまうために事象を見落としてしまうのが生存者バイアスです。事象を注意深く観察し、得られたデータを考察することで、このような誤解を防ぐということが重要であり、これが生存者バイアスにおける観察する能力(オブザーバビリティ)です。

筆者はこの研究結果から、航空機における生存者バイアスが、セキュリティの運用においても同様のことがいえると考えています。一部のシステム構成図やセキュリティログなどが示す事象だけに着目していては、その裏に隠されている事象を見落としてしまう可能性があります。

先ほどの戦闘機の例でたとえるならば、「サイバー攻撃がなかった部位を強化する」ことで、既知の攻撃でなく未知の攻撃、そして顕在化されていない攻撃からシステムを守ることができるようになるのではないかと考えています。

サイバー攻撃とは、想定もしていないアタックサーフェイス、すなわち攻撃の入り口となる要素が存在し、それが起因してインシデントを誘発することはよくあることです。システム全体の把握をオブザーバビリティなどの取り組みで事象を注意深く観察し、得られたデータを考察しながらゼロトラストアーキテクチャの実装を考えてみてはいかがでしょうか。

従来のセキュリティ概念に固執し、新たな脅威に対する誤った認識がされている

「従来のセキュリティ概念に固執し、新たな脅威に対する誤った認識がされている」という課題の原文は下記の通りです。

Lack of awareness regarding everything that encompasses the organization's entire attack surface. Organizations can usually address threats with traditional security tools in the layers that they currently manage and maintain such as networks and applications, but elements of a ZTA may extend beyond their normal purview. False assumptions are often made in understanding the health of a device as well as its exposure to supply chain risks.
(組織の攻撃対象領域全体を包含するあらゆるものに対する認識の欠如。組織は通常、ネットワークやアプリケーションなど、現在管理・保守しているレイヤーを従来のセキュリティツールで脅威に対処できるが、ゼロトラストアーキテクチャの要素は通常の範囲を超える可能性がある。デバイスの健全性やサプライチェーンリスクへの露呈を理解する上で、誤った仮定がなされることが多い。)

ゼロトラストアーキテクチャとはセキュリティ対策のパラダイムシフトといえます。従来のセキュリティ対策では不十分な新たな脅威に対応するために今までにはない考え方が必要であり、それにより組織の情報資産を強固に保護します。

しかし、それには今までは見えてこなかったアタックサーフェスが露見することもあり、時には誤った解釈をされることがあります。たとえば、マルウェア対策としてデバイスにEDRを導入したからデバイスの健全性は問題ないといえるでしょうか。デバイスの健全性を担保するには、脆弱性の管理、怪しい通信や挙動の検知、利用者の特定、ロケーションなど多岐にわたるコンテキスト(情報)をもとに、相関してリスクを特定する必要があり、そこまで行ってこそデバイスの健全性が担保されるといえます。

また、認証で使うクレデンシャル情報は外部に漏洩していないと言い切れるでしょうか。漏洩したクレデンシャル情報から該当するものがあった場合、即座にパスワードの変更を強制させるなど、今までにはない認証の仕組みがゼロトラストアーキテクチャでは必要となります。それには従来の認証の仕組みに加えて、リスクベースの認証を行う必要があります。

これは例の1つにしか過ぎませんが、ゼロトラストアーキテクチャを導入するにあたり、従来のセキュリティ概念に固執した考え、そして誤った仮定などを見直す必要があるといえます。そして、システム全体の健全性を担保することは今やビジネスルールの1つでもあり、サプライチェーンにおいては、説明責任を果たす企業と義務ともいえます。

●ゼロトラストアーキテクチャ(参考:NIST SP800-207)

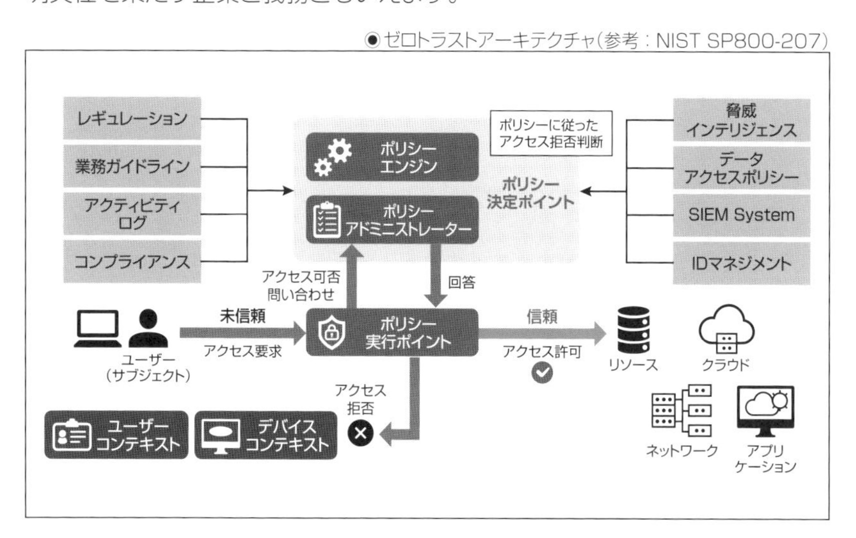

●システムの健全性を担保することはビジネスルールの1つ

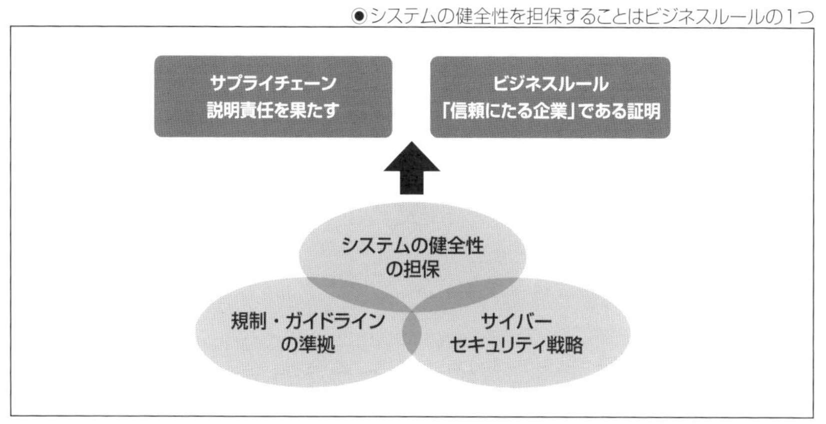

アプリケーションやサービスがサイロ化されて相互運用性に問題がある

「アプリケーションやサービスがサイロ化されて相互運用性に問題がある」という課題の原文は下記の通りです。

> Lack of understanding regarding what interoperability issues may be involved or what additional skills and training administrators, security personnel, operators, end users, and policy decision makers may require; lack of resources to develop necessary policies and a pilot or proof-of- concept implementation needed to inform a transition plan
> （相互運用性の問題や、管理者、セキュリティ担当者、オペレータ、エンドユーザー、政策決定者が必要とする追加のスキルやトレーニングに関する理解の欠如、必要なポリシーを策定するためのリソースや移行計画に必要なパイロットまたはコンセプト実証の実装の欠如）

この相互運用の問題はゼロトラストアーキテクチャを推進していくにあたり、根深い問題の1つです。ゼロトラストアーキテクチャは複数のコンテキストをもとに、認証·認可のコントロールを行います。それには、ゼロトラストアーキテクチャの心臓部にあたるポリシー決定ポイントにさまざまなシステム、ログなどを取り込む必要があります。

このときに、ゼロトラストアーキテクチャ全体として相互運用が必要不可欠となりますが、システムがサイロ化されていてログを取り込めない、システムごとに管理組織が異なる、運用チームがバラバラなどの理由がゼロトラストアーキテクチャ導入の足枷になる場合があります。

また、システムがサイロ化させていると、ゼロトラストアーキテクチャのパイロット運用、検証なども容易ではありません。この場合、無理に運用を統一するのではなく、部分的にできる範囲からゼロトラストアーキテクチャを採用し、時間をかけてスコープを広めていくことをおすすめします。無理に統一しようとして、計画と調整だけで時間だけが過ぎてしまい、短サイクルでのステップアップを前提にセキュリティのパラダイムシフトを実現していくゼロトラストアーキテクチャのコンセプトには程遠くなってしまいます。

既存システムにおけるゼロトラストアーキテクチャ導入スコープが定まらない

「既存システムにおけるゼロトラストアーキテクチャ導入スコープが定まらない」という課題の原文は下記の通りです。

> Leveraging existing investments and balancing priorities while making progress toward a ZTA via modernization initiatives
> (既存の投資を活用し、優先順位のバランスを取りながら、モダナイゼーションによってゼロトラストアーキテクチャを推進させる)

一からシステムを構築するのであれば、はじめからゼロトラストアーキテクチャを採用してシステムに組み込めばよいですが、多くの企業では既存システムがあり、そこにゼロトラストアーキテクチャを適用していくことになるでしょう。

その場合、既存のセキュリティソリューションの扱いを考える必要があります。そのまま活用する場合もあれば、ゼロトラストアーキテクチャの機能を満たせずに取り扱いに困る場面もあるでしょう。しかし、ゼロトラストアーキテクチャの機能を満たすためにすべての領域において新しいソリューションに置き換えるのは予算が潤沢にない限りは難しいと思います。

そのため、ゼロトラストアーキテクチャを適用するエリア、そしてソリューションの見直しを行い、最も効果が高いと思われるポイントに限定してゼロトラストアーキテクチャを適用するのが望ましいといえます。

また、その際には一度セキュリティソリューションの棚卸しをしてみてください。セキュリティ機能が重複している場合や、活用できていない機能やライセンスが存在するかもしれません。それらを整理することによって結果としてコストの最適化にもつながります。不要なライセンス、重複するセキュリティ機能があれば、その分のコストをゼロトラストアーキテクチャの導入コストに当てましょう。

異なるソリューション間における相互連携の壁

「異なるソリューション間における相互連携の壁」という課題の原文は下記の通りです。

> Integrating various types of commercially available technologies of varying maturities, assessing capabilities, and identifying technology gaps to build a complete ZTA
> (完全なゼロトラストアーキテクチャを構築するために、さまざまな種類の市販技術を統合し、その能力を評価し、技術ギャップを特定する)

ゼロトラストアーキテクチャの導入には、さまざまな成熟度の多くの導入済みソリューションを再評価する必要があります。再評価にはゼロトラストアーキテクチャの機能を満たせるか、完全なゼロトラストアーキテクチャを構築するための技術ギャップを特定する必要性もあります。

たとえば、導入済みの認証基盤はさまざまなコンテキストを取り込み、リスクを算出して認証を行うことができるでしょうか。また、一部条件付きでできたとしても、適用できないシステム、デバイスはそのままでよいということにはなりません。

◉コンテキスト連携イメージ

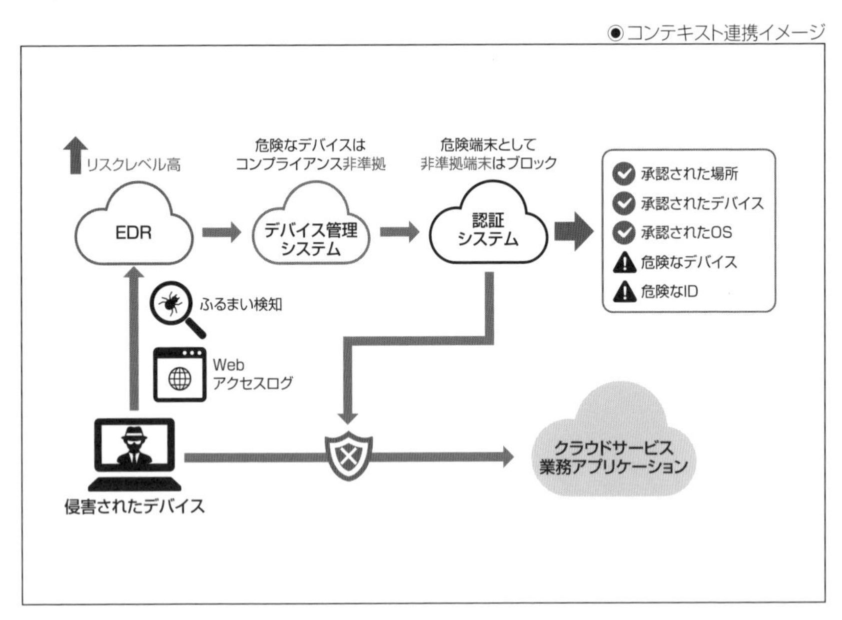

まずは、導入済みソリューション、これから導入予定のソリューションなどについてゼロトラストアーキテクチャ機能を軸に比較表を作るとよいでしょう。その比較表によってゼロトラストアーキテクチャの技術ギャップを明確にすることができると思います。

ゼロトラストアーキテクチャは単一のソリューションだけで実現できるものではありません。複数のソリューションと組み合わせて、連携してシステムを作り上げる必要がありますが、メーカーが異なることでそれらを実現できない場合もあるので、ソリューションごとに機能を正しく評価する必要があります。

●ソリューション比較の例

比較項目	IDaaS A	IDaaS B	IDaaS C
ソリューションとしての成熟度	◎	◎	◎
市場における評価 (Garner Magic Quadrant for Access Management 20XX)	◎(Leader)	◎(Leader)	◎(Leader)
多要素認証	◎	◎	◎
ID federation		○	◎
パスワードレス認証	◎	◎	△
ワークフローオートメーション/プロビジョニング	○	◎	×
信頼性(稼働率)	○	◎	○
UEMとの連携	◎	△	×
EDRとの連携	◎	○(制限あり)	×

この例では認証システムを比較しています。認証システムは常に接続元の状態などコンテキスト変化に応じてトラストさせる必要があるため、たとえばEDRやUEMなどと親和性、整合性はゼロトラストアーキテクチャを構成する上でとても重要です。

ゼロトラストアーキテクチャ導入について、ユーザーの理解が得られない可能性を危惧する

「ゼロトラストアーキテクチャ導入について、ユーザーの理解が得られない可能性を危惧する」という課題の原文は下記の通りです。

Concern that ZTA might negatively impact the operation of the environment or end-user experience
(ゼロトラストアーキテクチャが既存環境における運用やユーザーエクスペリエンスに悪影響を与えるかもしれないという懸念)

ゼロトラストアーキテクチャを採用することによって、システムの使い勝手が悪くなるなど、ユーザーエクスペリエンスの観点で懸念される場合があります。たとえば、今までは決められたIDとパスワードの組み合わせだけでシステムを使えたのが、ゼロトラストアーキテクチャでは多要素認証が必須となることから、不便に思われる場合もあるでしょう。

そこだけ見れば煩雑に思えるかもしれませんが、一方で認証が強化されることによって、システムごとにIDやパスワードを入力しなくても済むシングルサインオンや、リモートワークの拡大などユーザーにとってもメリットが多くあると思います。さらには、パスワードを覚えておくことさえも止めて、パスワードレス化にしてしまうことによって、パスワードを覚えておくことや、有効期限から新たなパスワードを作成する億劫な作業、そしてパスワードを失念してしまい、ロックアウトされてしまうことからの解放など、セキュリティ強度は上がるだけではないユーザー視点でのメリットもたくさんあります。

このように、従来のセキュリティ概念である「縛る・制限する」といった内容から、ゼロトラストアーキテクチャの採用で便利になること、できることが広がることも合わせてユーザーに示すことによって、ゼロトラストアーキテクチャ採用の協力を得られると思います。このようにユーザーの意識を含めた改革も必要です。

また、ゼロトラストアーキテクチャ実現の鍵は「ユーザー自身が最も生産性高く働く環境を選択できるようにする」こと、ゼロトラストアーキテクチャはユーザーエクスペリエンスをデザインし、生産性の向上とセキュリティ強化のバランスを実現する最適解であることも忘れてはなりません。

ガイドラインや標準ポリシーが整備されていない

「ガイドラインや標準ポリシーが整備されていない」という課題の原文は下記の通りです。

> Lack of a standardized policy to distribute, manage, and enforce security policy, causing organizations to face either a fragmentary policy environment or non-interoperable components（セキュリティポリシーを配布、管理、実施するための標準的なポリシーがないため、組織が断片的なポリシー環境または相互運用性のないコンポーネントに直面する可能性がある）

ポリシーの標準化、ガイドラインの統一はゼロトラストアーキテクチャを採用する上でとても重要です。なぜならば、統一されたガイドラインなどがないと、ポリシーを組み込むことができないからです。そのため、セキュリティ標準、規程などを見直すか新たに策定する必要があります。

ただし、それらを策定するのに時間がかかる場合もあります。その場合は、業界標準やベストプラクティスなどを参考に標準化するのもよいでしょう。たとえば、CIS（Center for Internet Security）があります。

CISとは、米国国家安全保障局（NSA）、国防情報システム局（DISA）、米国立標準技術研究所（NIST）などの政府機関と、企業、学術機関などが協力して、インターネット・セキュリティ標準化に取り組む目的で2000年に設立された米国の団体の略称です。CISがあらゆる規模の組織が活用できる、サイバーセキュリティ対策の具体的なガイドラインです。IT環境の変化や攻撃の高度化に伴い、クラウドコンピューティングやモビリティ、サプライチェーン、テレワーク環境などに対する、新しい攻撃手法への対応を加えた新しいバージョンもリリースされています。

一から独自のガイドラインを策定することが難しい場合は、CISなどのベストプラクティスを参考にするのもよいでしょう。

- CISの入手先

  URL https://learn.cisecurity.org/cis-controls-download?_fsi=0CN6yQKD

組織内で共通の理解が得られていない

「組織内で共通の理解が得られていない」という課題の原文は下記の通りです。

> Lack of common understanding and language of ZTA across the community and within the organization, gauging the organization's ZTA maturity, determining which ZTA approach is most suitable for the business, and developing an implementation plan
> (コミュニティや組織内でゼロトラストアーキテクチャに関する共通の理解や言語がなく、組織のゼロトラストアーキテクチャの成熟度を測り、どのゼロトラストアーキテクチャアプローチがビジネスに最も適しているかを判断し、実施計画を策定することができない)

ゼロトラストアーキテクチャの推進には組織全体の共通理解が必要となります。それには変化のポイントを明確にして、ユーザーの意識に配慮し、ユーザーエンゲージメントの向上も取り組むことも望ましいといえます。ただセキュリティを強化するからゼロトラストアーキテクチャを採用するのではなく、セキュリティを強化するだけでなく、ユーザーの利便性も考慮していることを示すことも大事です。

ユーザーエンゲージメントの向上には、企業が社会を含む社内外に発信するビジョンに対して、ユーザーが共感できることや、企業もユーザーを信頼して権限付与を積極的に行うこと、また、ユーザー同士のコミュニケーションが正直かつ真摯に行われる状態によって相互信頼が成り立つことなどが必要です。

また、ゼロトラストアーキテクチャを導入することがビジネス上の目的にはなりません。ゼロトラストアーキテクチャは概念でありそれ自体を目的やゴールしてはなりません。ゼロトラストアーキテクチャを導入することで、先述したユーザーエンゲージメントを高めて生産性を向上させることを目的とすることや、ゼロトラストアーキテクチャの導入により重複した機能を棚卸しして、全体を最適化することでコストの削減を目指すなど、ゼロトラストアーキテクチャの導入には何らかのビジネス目標を立て、それをゴールにすることで組織全体で共通理解を得るなどの対策も忘れてはなりません。

ゼロトラストアーキテクチャは投資が必要であり、費用対効果が測れない

「ゼロトラストアーキテクチャは投資が必要であり、費用対効果が測れない」という課題の原文は下記の通りです。

> Perception that ZTA is suited only for large organizations and requires significant investment rather than understanding that ZTA is a set of guiding principles suitable for organizations of any size
> (ゼロトラストアーキテクチャは大規模な組織にのみ適しており、多大な投資を必要とするという認識であり、ゼロトラストアーキテクチャはあらゆる規模の組織に適した一連の指導原則であると理解していない)

ゼロトラストアーキテクチャの導入にあたり初期投資は必要です。どれくらいの投資が必要かは企業によってさまざまだと思います。しかし、投資の大きさとは関係なく、ゼロトラストアーキテクチャが大規模な組織だけに適しているとはいえません。むしろスタートアップ企業のような比較的小さい組織こそ、ゼロトラストアーキテクチャの導入が容易だともいえます。

なぜならば、大規模な組織の場合、先述した課題で取り上げたように、既存システムの改修、サイロ化されたシステムなどを整理していく必要があり、ゼロトラストアーキテクチャ導入は容易ではありません。一方で、これからシステムを構築していく企業であれば、最初からゼロトラストアーキテクチャを意識してシステム設計をすることで、比較的容易にゼロトラストアーキテクチャを導入できると思います。

また、最近は、ゼロトラストアーキテクチャの概念を取り入れたソリューションも増えているので、そういったソリューションを最初に採用することによりゼロトラストアーキテクチャの障壁は少なくなるといえます。

ゼロトラストアーキテクチャはすべての環境に適合するとは限らない

「ゼロトラストアーキテクチャはすべての環境に適合するとは限らない」という課題の原文は下記の通りです。

> There is not a single ZTA that fits all. ZTAs need to be designed and integrated for each organization based on the organization's requirements and risk tolerance, as well as its existing invested technologies and environments.
> (すべてに適合する単一のゼロトラストアーキテクチャは存在しない。ゼロトラストアーキテクチャは、組織の要件やリスク許容度、既存の投資技術や環境に基づいて、組織ごとに設計・統合される必要がある。)

IT実現手段の多様性を深化させるために、すぐに始めるだけではなく、すぐに変える・止められる、見直してもとがめられないなど、文化・習わし面も変革することが重要です。ユーザーの意識に配慮し、短サイクルでのステップアップを前提にすることで、文化を含めたシフトを着実にスタートできると思います。

SECTION-28

ゼロトラストアーキテクチャ導入のポイント

前節では、ゼロトラストアーキテクチャの誤解や、ゼロトラストアーキテクチャ導入に伴う課題とその対策について説明しました。それらを踏まえて、ゼロトラストアーキテクチャ導入のポイントについてまとめます。

ゼロトラストアーキテクチャを取り組むビジネス目標を明確にする

ゼロトラストアーキテクチャは概念であり、目的やゴールではないことは先に述べた通りです。ゼロトラストアーキテクチャに関する検討や取り組みは、システムの改善やセキュリティシステムの更改が目的ではなく、それによりビジネス目標に近づけるために変革するための一手段です。

まずはビジネス目線で自社が「ありたい姿」を描いた上で、業界の商習慣や法規制なども踏まえた「あるべき姿」を検討することが重要です。

あるべき姿を描く

あるべき姿を描く上で、3つの姿を整理してみましょう。3つの姿とは、「ありたい姿」「あるべき姿」「現実的な姿」です。それぞれを整理することにより、具体的なビジネス目標とそれを実現するためのゼロトラストアーキテクチャについて方向性を描くことができるでしょう。

大事なことは「何ができるようになる」の洗い出しであり、筆者はデザインシンキングなどを用いてまとめることが多いです。それには、なるべく多くのステークホルダーに集まってもらうとよいでしょう。ブレインストーミングで自由な議論の場としてアイデア出し合う、これは量を重視する(質より量)からであり、アイデア出し(発散)を意識したディスカッションは普段気が付かない発見もありとても効果的です。

- ありたい姿の例
  - 働き方を変える
    - ▷いつでも、どこでも、ロケーションや時間に縛られない環境
    - ▷普段から使い慣れたデバイスを利用する(デバイスフリー)
    - ▷社内外問わず、気軽に参加できるコミュニケーション方法の実現
  - コスト削減
    - ▷過剰投資をなくす
    - ▷不要な機能、ライセンスの棚卸し
    - ▷セキュリティ運用コストの削減

- あるべき姿の例
  - コンプライアンス遵守
    - ▷法令遵守(改正個人情報保護法、GDPRなど)
    - ▷業界、業種による習慣や遵守すべくレギュレーション(FISC、NIST SP 800-171、ISO/IEC 27001、PCI DSSなど)
    - ▷機密文書のレベルと特定

- 現実的な姿の例(現実的な着地点)
  - コスト的な制約
  - ガバナンスの範囲と関与(国内拠点、関連子会社、グループ会社、グローバル拠点など)
  - 既存システムとの親和性や互換性、そして予定されていた更改時期など

3つの姿を整理できたら、ありたい姿からロードマップを描いてみましょう。次ページの図は筆者が取り組んでいるロードマップ策定の例です。

◉ロードマップ策定の例

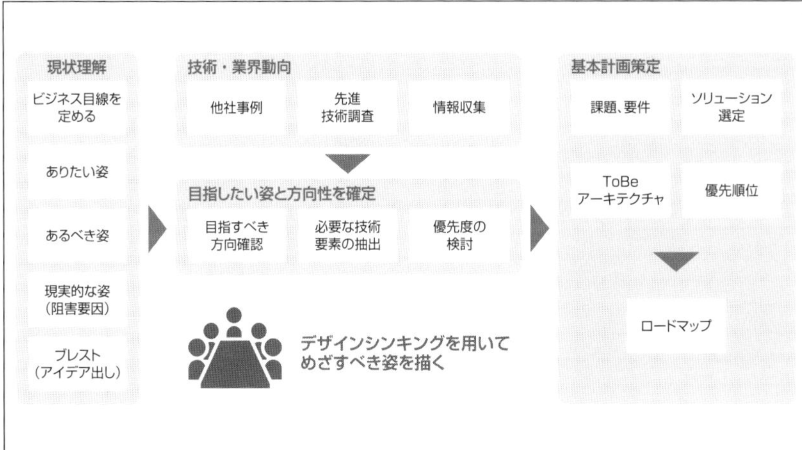

さて、ゼロトラストアーキテクチャ導入のヒントになり得たでしょうか。ロードマップ策定の方法はこの限りではないですが、ぜひ参考にしていただき、ゼロトラストアーキテクチャ導入の足掛かりとなれば幸いです。

最後に、ゼロトラストアーキテクチャ導入について筆者から3つの提言で締めくくりたいと思います。

◉ゼロトラストアーキテクチャ導入についての3つの提言

提言 ①
これからのネットワーク

- デジタルインフラの変化に対応したゼロトラストアーキテクチャへ発想の転換が必要
- トラディショナルネットワークと攻めのネットワーク環境という異文化の「融合」がゼロトラストアーキテクチャ成功の鍵

提言 ②
利用者の意識を含めた改革

- 働き方のニューノーマル実現の鍵は「従業員自身がもっとも生産性高く働く環境を選択できるようにする」こと
- ゼロトラストアーキテクチャは従業員エクスペリエンスをデザインし、生産性向上とセキュリティ強化のバランスを実現する最適解

提言 ③
短サイクルでのステップアップ

- IT実現手段の多様性を深化させるために、スグ始めるだけではなく、スグ変える･止められる、見直しても咎められないなど、文化･ならわし面も変革することが重要

SECTION-29

本章のまとめ

本章で説明してきた通り、ゼロトラストには解釈の誤解や導入の課題が多くあり、理想と現実のギャップからゼロトラストアーキテクチャの採用を躊躇する企業もあるかと思います。

しかし、本章でご説明したポイントをしっかりと抑えておくことにより、ゼロトラストアーキテクチャ導入は決して実現不可能なものではありません。

また、ゼロトラストアーキテクチャの導入計画に多くの時間を割いて、数年単位で計画を進められるケースも見受けられますが、この分野は日進月歩で進化するため、導入するタイミングではすでに古いアーキテクチャになっている可能性もあります。

検討に時間を掛けるよりも、早く、小さく、トライ&エラーでまずは始めることです。じっくりと考え失敗なく作るのではなく、他社に先駆けて早く、小さくともトライアンドエラーで進めていくことがポイントになります。

まずは最も効果がありそうなエリアに限定してゼロトラストアーキテクチャを導入してみてはいかがでしょうか。

索引

数字

A

B

C

D

T

U

V

W

Z

あ行

か行

さ行

た行

な行

は行

ま行

や行

ら行

わ行

■監修者紹介

澤橋（さわはし） 松王（まつお）

1991年東京電機大学卒業後、日本アイ・ビー・エム株式会社入社。2019年に技術理事就任。2021年9月よりキンドリルジャパン株式会社 執行役員 最高技術責任者 兼 最高情報セキュリティ責任者。主な著作に『AIOps入門』『カオスエンジニアリング入門』『クラウドネイティブセキュリティ入門』『OpenShift徹底活用ガイド』『OpenStack徹底活用テクニックガイド』（共に、共著、シーアンドアール研究所）がある。TOGAF9認定アーキテクト。一般社団法人日本情報システム・ユーザー協会非常勤講師。公益財団法人ボーイスカウト日本連盟所属。